Paul Müller

Formelsammlung Mechatronik

1. Auflage 2018

Dr.-Ing. Paul Christiani GmbH & Co. KG

Hinweise auf DIN-Normen in diesem Werk entsprechen dem Stande der Normung bei Abschluss des Manuskriptes. Die Normen sind wiedergegeben mit Erlaubnis des DIN Deutsches Institut für Normung e. V. Maßgebend für das Anwenden der Norm ist deren Fassung mit dem neuesten Ausgabedatum, die bei der Beuth Verlag GmbH, Burggrafenstr. 6, 10787 Berlin erhältlich ist.

Umschlaggestaltung: Dr.-Ing. Paul Christiani GmbH & Co. KG, Konstanz

Umschlagfoto: Bosch Rexroth AG

Best.-Nr. 14332

ISBN 978-3-95863-247-6

---

1. Auflage 2018

Ein paar Worte ...

Die Formelsammlung Mechatronik ermöglicht einen raschen und präzisen Überblick über die wichtigen Formeln des Berufsfeldes Mechatronik.

Somit eignet sie sich sehr gut für den Einsatz in Facharbeiterprüfungen. Wenn bei der Arbeit Zusatzinformationen benötigt werden, können Verweise auf die entsprechenden Tabellenbuchseiten sehr hilfreich und informativ sein.

Formelsammlung und Tabellenbuch sind eine unschlagbare Kombination in der Berufsbildung und im Berufsalltag.

Inhalt

Notizen

Allgemeine Grundlagen

Physikalische Gleichungen

Größengleichung	Zugeschnittene Größengleichung	Einheitengleichung	Zahlenwertgleichung
$n = \frac{f}{p}$	$n = \frac{f \cdot 60}{p}$	1 h = 3600 s 1 kg = 1000 g	$v = 3{,}6 \cdot \frac{s}{t}$ *v* in km/h *s* in m *t* in s

Basiseinheiten

Physikalische Größe	Formelzeichen	Einheit	Kennzeichen der Einheit
Länge	l	Meter	m
Masse	m	Kilogramm	kg
Zeit	t	Sekunde	s
Stromstärke	I	Ampere	A
Temperatur [1)]	T	Kelvin	K
Stoffmenge	n	Mol	mol
Lichtstärke	I_V	Candela	cd

[1)] Thermodynamische Temperatur

Umrechnung von Einheiten

Längen	Flächen	Volumen	Kräfte	Massen
1 µm = 0,001 mm	1 cm² = 100 mm²	1 ml = 0,001 l	1 mN = 0,001 N	1 µg = 0,001 mg
1 mm = 0,001 m	1 m² = 10 000 cm²	1 cl = 0,01 l	1 daN = 10 N	1 mg = 0,001 g
1 cm = 10 mm	1 m² = 100 dm²	1 l = 1000 ml	1 kN = 1000 N	1 kg = 1000 g
1 dm = 10 cm	1 a = 100 m²	1 hl = 100 l	1 MN = 1000 kN	1 Mg = 1000 kg
1 m = 10 dm	1 ha = 100 a	1 dm³ = 1000 cm³		1 t = 1000 kg
1 km = 1000 m	1 km² = 100 ha	1 m³ = 1000 dm³		

Dezimale Teile und Vielfache von Einheiten

Vorsatz	Faktor	Zeichen	Vorsatz	Faktor	Zeichen	Vorsatz	Faktor	Zeichen
Piko	10^{-12}	p	Zenti	10^{-2}	c	Kilo	10^{3}	k
Nano	10^{-9}	n	Dezi	10^{-1}	d	Mega	10^{6}	M
Mikro	10^{-6}	µ	Deka	10^{1}	da	Giga	10^{9}	G
Milli	10^{-3}	m	Hekto	10^{2}	n	Tera	10^{12}	T

Hinweis:
Nach Möglichkeit nur Vorsätze verwenden, deren Zahlenwerte zwischen 0,1 und 1000 liegen.
Vorsätze mit ganzzahliger Potenz von Tausend ($10^{3 \cdot n}$) sind zu bevorzugen.

Allgemeine Grundlagen

Formelzeichen und Einheiten

Größe	Zeichen	Einheit	Hinweis
Arbeit, Energie	W, E	Joule J Newtonmeter Nm Wattsekunde Ws Kilowattstunde kWh	1 kcal = 4186,6 Ws $1\ \text{J} = 1\ \text{Nm} = 1\ \text{Ws} = 1\ \frac{\text{kg} \cdot \text{m}^2}{\text{s}^2}$ $1\ \text{kWh} = 3\,600\,000\ \text{Ws} = 3{,}6 \cdot 10^6\ \text{J}$
Beschleunigung	a, g	$\frac{\text{m}}{\text{s}^2}$	Fallbeschleunigung $g = 9{,}81\ \frac{\text{m}}{\text{s}^2} \approx 10\ \frac{\text{m}}{\text{s}^2}$
Dichte	ϱ	$\frac{\text{kg}}{\text{m}^3}$	$1\ \frac{\text{g}}{\text{cm}^3} = 0{,}001\ \frac{\text{g}}{\text{mm}^3}$ $1\ \frac{\text{t}}{\text{m}^3} = 1\ \frac{\text{kg}}{\text{dm}^3} = 1\ \frac{\text{g}}{\text{cm}^3}$ Bei *Fluiden* wird die Dichte in kg/l (Liter) angegeben.
Moment Drehmoment Biegemoment Torsionsmoment	M M_d M_b M_t, T	Nm Newtonmeter	$1\ \text{N} \cdot \text{m} = 1\ \text{J}$ $M = F \cdot r$ rechtsdrehendes Moment F, r linksdrehendes Moment $M = F \cdot r$
Drehzahl Umdrehungs-frequenz	n	$\frac{1}{\text{s}}, \frac{1}{\text{min}}$	1 min = 60 s $1460\ \frac{1}{\text{min}} = \frac{1460}{60}\ \frac{1}{\text{s}} = 24{,}3\ \frac{1}{\text{s}}$
Druck absoluter Druck Athmosphären-druck Überdruck	p p_{abs} p_{amb} p_e	Pa Pascal	$1\ \text{Pa} = 1\ \frac{\text{N}}{\text{m}^2} = 0{,}01\ \text{mbar}$ $1\ \text{bar} = 10^5\ \text{Pa} = 100\,000\ \frac{\text{N}}{\text{m}^2} = 10\ \frac{\text{N}}{\text{cm}^2}$ 1 mbar = 1 h Pa $1\ \frac{\text{N}}{\text{mm}^2} = 10\ \text{bar} = 1\ \text{MPa}$
Energie	E, Q, W	Joule J Wattstunde Wh Wattsekunde Ws	$1\ \text{J} = 1\ \text{Nm} = 1\ \text{Ws} = 1\ \frac{\text{kg} \cdot \text{m}^2}{\text{s}^2}$ $1\ \text{kWh} = 3\,600\,000\ \text{J}$
Feldstärke, elektrische	E	$\frac{\text{V}}{\text{m}}$ $\frac{\text{Volt}}{\text{Meter}}$	$E = \frac{F}{Q}$ F Kraft in N $Q = I \cdot t$ elektrische Ladung

Allgemeine Grundlagen

Formelzeichen und Einheiten

Größe	Zeichen	Einheit		Hinweis
Feldstärke, magnetische	H	$\frac{\text{A}}{\text{m}}$	$\frac{\text{Ampere}}{\text{Meter}}$	
Flächeninhalt	A, S	m^2		$1\ \text{m}^2 = 100\ \text{dm}^2 = 10^2\ \text{dm}^2$ $1\ \text{m}^2 = 10000\ \text{cm}^2 = 10^4\ \text{cm}^2$ $1\ \text{m}^2 = 1000000\ \text{mm}^2 = 10^6\ \text{mm}^2$ $100\ \text{ha} = 1\ \text{km}^2$ $1\ \text{ha} = 100\ \text{ar} = 10000\ \text{m}^2$
Frequenz	f	Hz	Hertz	$1\ \text{Hz} = 1\ \frac{1}{\text{s}} = 1\ \text{s}^{-1}$
Geschwindigkeit	v	$\frac{\text{m}}{\text{s}}$		$1\ \frac{\text{m}}{\text{s}} = 3{,}6\ \frac{\text{km}}{\text{h}}$ $1\ \frac{\text{km}}{\text{h}} = \frac{1}{3{,}6}\ \frac{\text{m}}{\text{s}} = 0{,}278\ \frac{\text{m}}{\text{s}}$
Kraft	F	N	Newton	$1\ \text{N} = 1\ \frac{\text{kg} \cdot \text{m}}{\text{s}^2} = 1\ \frac{\text{Ws}}{\text{m}} = 1\ \frac{\text{J}}{\text{m}}$ $1\ \text{kN} = 1000\ \text{N} = 10^3\ \text{N}$ Gewichtskraft: F_G, G
Länge Breite Höhe, Tiefe Dicke Radius Durchmesser Weg, Strecke	l b h d r d, D s	m	Meter	1 km = 1000 m 1 m = 1000 mm = 100 cm = 10 dm 1 mm = 1000 µm Einheiten außerhalb des SI-Systems: 1 inch = 25,4 mm = 1 Zoll 1 foot = 0,3048 m 1 yard = 0,9144 m 1 Meile = 1609 m 1 Seemeile = 1852 m
Leistung	P	W	Watt	$1\ \text{W} = 1\ \text{V} \cdot 1\ \text{A}$ $1\ \text{W} = 1\ \frac{\text{J}}{\text{s}} = 1\ \frac{\text{Nm}}{\text{s}} = 1\ \frac{\text{kg} \cdot \text{m}^2}{\text{s}^3}$ 1 kp = 9,807 W 1 PS = 735 W
Leitfähigkeit, elektrische	γ, $\varkappa$	$\frac{1}{\Omega \cdot \text{m}} = \frac{\text{S}}{\text{m}}$		S: Siemens $1\ \text{S} = 1\ \frac{1}{\Omega}$
Masse	m	kg		1 kg = 1000 g 1 g = 0,001 kg = 1000 mg 1 t = 1000 kg
Spannung, elektrische	U	V	Volt	$1\ \text{V} = 1\ \frac{\text{W}}{\text{A}} = 1\ \frac{\text{J}}{\text{As}} = 1\ \frac{\text{Nm}}{\text{As}}$
Spannung, mechanische	σ, τ	$\frac{\text{N}}{\text{mm}^2}$		$1\ \frac{\text{N}}{\text{mm}^2} = 10\ \frac{\text{kN}}{\text{cm}^2} = 1\ \frac{\text{MN}}{\text{m}^2}$

Allgemeine Grundlagen

Formelzeichen und Einheiten

Größe	Zeichen	Einheit		Hinweis
Strecke	s, l	m	Meter	1 m = 10 dm = 100 cm = 1000 mm 1 km = 1000 m 1'' = 25,4 mm Auch die Bezeichnung *Länge* ist möglich.
Stromstärke, elektrische	I	A	Ampere	$1\ \text{A} = 1\ \frac{\text{V}}{\Omega}$
Trägheitsmoment	J	$\text{kg} \cdot \text{m}^2$		Bezeichnung *Massenträgheitsmoment* ist nicht mehr üblich.
Volumen	V	m^3, l		$1\ \text{m}^3 = 1000\ \text{dm}^3 = 10^3\ \text{dm}^3 = 1000\ \text{l} = 10\ \text{hl}$ $1\ \text{m}^3 = 10^6\ \text{cm}^3$ $1\ \text{l} = 1000\ \text{cm}^3 = 1\ \text{dm}^3 = 0{,}001\ \text{m}^3$ $1\ \text{ml} = 1\ \text{cm}^3 = 1000\ \text{mm}^3$ *Volumenangabe:* • Körper: m^3 • Flüssigkeiten l (Liter)
Wärmeübertragung				
Thermodynamische Temperatur	T, Θ	K	Kelvin	–273,15 °C ≈ 0 K T(K) = t + 273,15 K
Celsius-Temperatur	t, ϑ	°C	Grad Celcius	273,15 K ≈ 0 °C t (°C) = T – 273,15 K
Wärmemenge	Q	J	Joule	1 J = 1 · N m = 1 W · s 3 600 000 J ≈ 1 kW · h
Spezifische Wärmekapazität	c	$\frac{\text{kJ}}{\text{kg} \cdot \text{K}}$		$1\ \frac{\text{kJ}}{\text{kg} \cdot °\text{C}}$, $1\ \frac{\text{kJ}}{\text{kg} \cdot \text{K}}$
Spezifischer Heizwert	H_i, H_u	$\frac{\text{kJ}}{\text{kg}}$		$1\,000\,000\ \frac{\text{kJ}}{\text{kg}} = 1\ \frac{\text{MJ}}{\text{kg}}$
Wärmedurchgangskoeffizient	U	$\frac{\text{W}}{\text{m}^2 \cdot \text{K}}$		$1\ \frac{\text{kcal}}{\text{m}^2 \cdot \text{h} \cdot °\text{C}} \approx 1{,}2\ \frac{\text{W}}{\text{m}^2 \cdot \text{K}}$
Wärmeleitfähigkeit	λ	$\frac{\text{W}}{\text{m} \cdot \text{K}}$		$1\ \frac{\text{kcal}}{\text{m} \cdot \text{h} \cdot °\text{C}} \approx 1{,}2\ \frac{\text{W}}{\text{m} \cdot \text{K}}$
Widerstand, elektrischer	R	Ω	Ohm	$1\ \Omega = 1\ \frac{\text{V}}{\text{A}}$
Winkel, ebener	α, β, γ	rad ° ′ ″	Radiant Grad Minute Sekunde	$1\ \text{rad} = \frac{180°}{\pi} = 57{,}296°$ 1° = 60′ = 3600″ 1′ = 60″

Allgemeine Grundlagen

Formelzeichen und Einheiten

Größe	Zeichen	Einheit	Hinweis
Winkel, Phasenverschiebung	φ	rad Radiant ° Grad	In *Wechselstromkreisen* mit *induktiven* und/oder *kapazitiven* Widerständen.
Winkelgeschwindigkeit	ω	$\frac{1}{s}$	$\omega = 2\,\pi n$ In der Elektrotechnik *Kreisfrequenz* genannt.
Zeit Periodendauer	t T	d Tag h Stunden min Minuten s Sekunden	1 d = 24 h = 1440 min = 86400 s 1 min = 60 s 1 h = 60 min = 3600 s

Umrechnung von Einheiten

Längeneinheiten

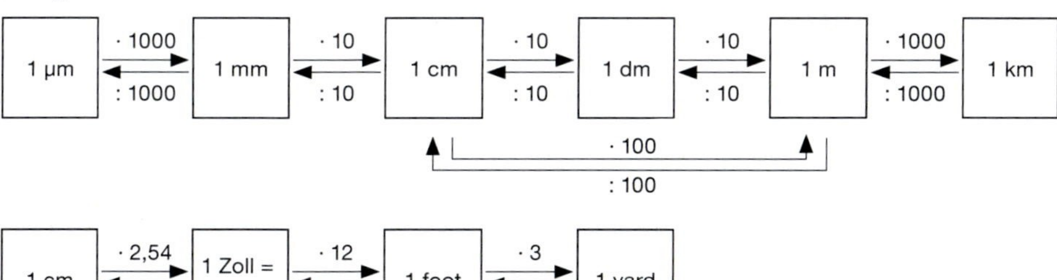

Flächeneinheiten

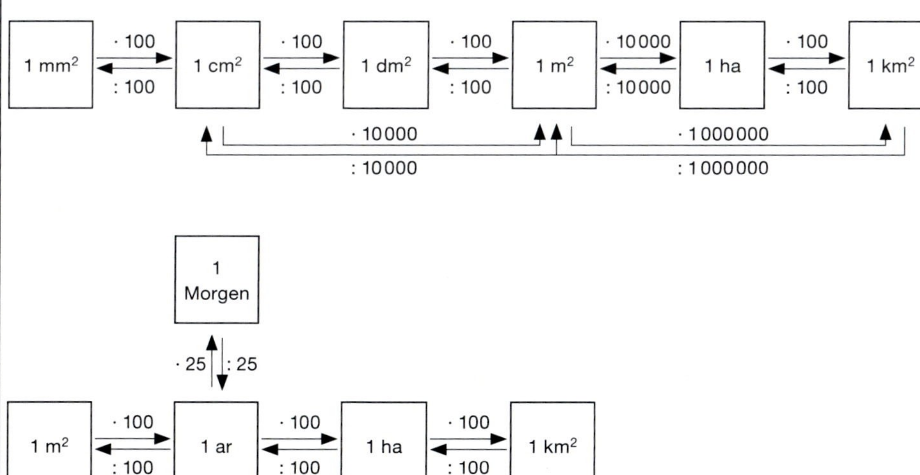

Allgemeine Grundlagen

Umrechnung von Einheiten

Volumeneinheiten

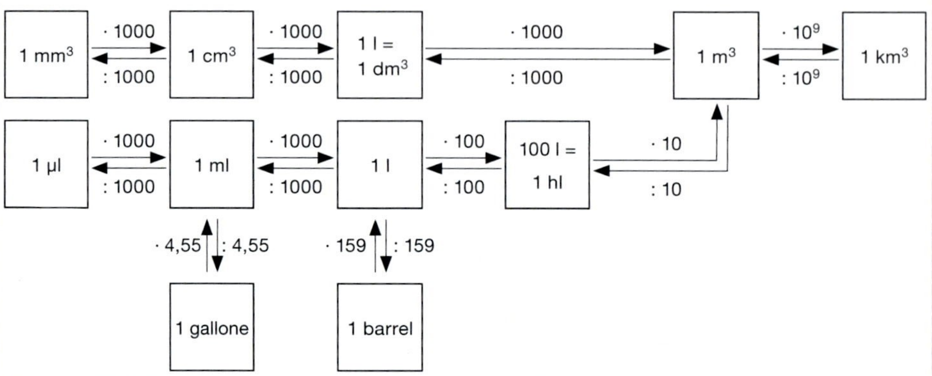

Masseeinheiten

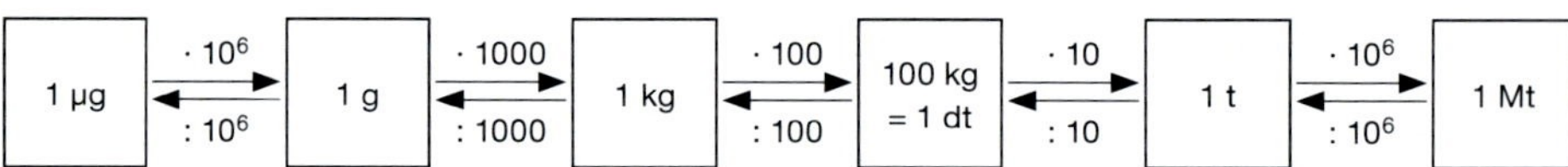

Krafteinheiten

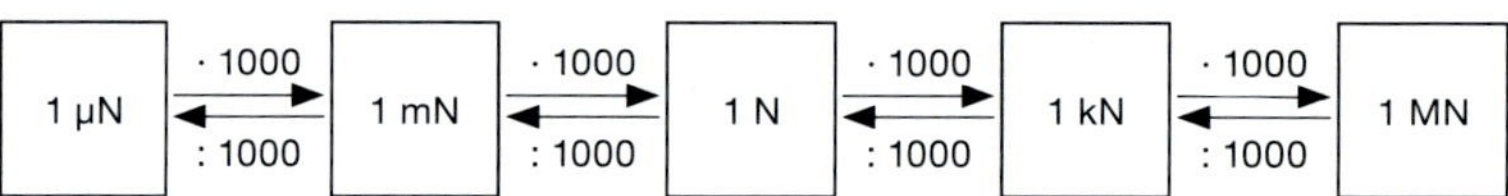

Druckeinheiten

$1\,\frac{N}{m^2}$ = 1 PA ⇄ (· 1000 / : 1000) 1 kPa ⇄ (· 1000 / : 1000) 1 MPa = $1\,\frac{N}{mm^2}$

Zeiteinheiten

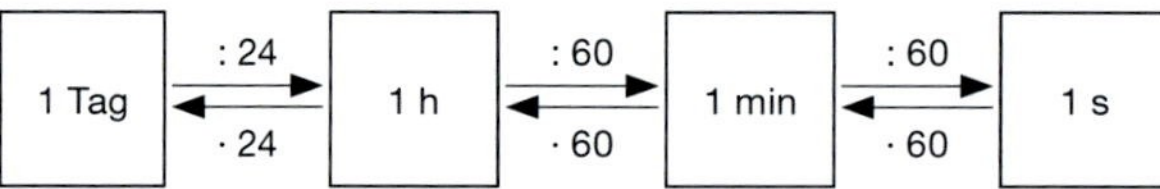

Dreisatzrechnung

Die *Dreisatzrechnung* ist ein Rechenverfahren, mit dem Größen bestimmt werden, die zu anderen Größen in einem *direkten* oder *indirekten* Verhältnis stehen.

Dabei wird der Rechengang in *Sätzen* gegliedert.

1. **Behauptungssatz** (BS)
2. **Folgerungssatz** (FS)
3. **Schlusssatz** (SS)

Allgemeine Grundlagen

Dreisatzrechnung

Einfacher, direkter Dreisatz Nimmt eine Größe zu, dann wächst auch die andere Größe. Nimmt eine Größe ab, dann wird auch die andere Größe kleiner. Die Größen sind *direkt proportional*.	*Beispiel 1: Die Größen nehmen zu* 12 Spiralbohrer kosten 60 Euro. Was kosten dann 30 Bohrer? 1. **BS** 12 Bohrer kosten 60 Euro 2. **FS** 1 Bohrer kostet $\frac{60\text{ Euro}}{12}$ 3. **SS** 30 Bohrer kosten $\frac{60\text{ Euro} \cdot 30}{12} = \underline{150\text{ Euro}}$ *Beispiel 2: Die Größen nehmen ab* Eine Lackdose enthält bei einer Füllhöhe von 25 cm 5 l Lack. Nach Arbeitsende ist sie noch 15 cm hoch gefüllt. Wie viel Liter Lack wurden für die Arbeit verbraucht? 1. **BS** 25 cm $\mathrel{\hat{=}}$ 5 l 2. **FS** 1 cm $\mathrel{\hat{=}} \frac{5\text{ l}}{25\text{ cm}}$ 3. **SS** 15 cm $\mathrel{\hat{=}} \frac{5\text{ l} \cdot 10\text{ cm}}{25\text{ cm}} = \underline{2\text{ l}}$
Einfacher, indirekter Dreisatz Nimmt eine Größe zu, dann nimmt die andere Größe ab. Wird eine Größe kleiner, dann nimmt die andere Größe zu. Die Größen sind *indirekt* (umgekehrt) *proportional*.	*Beispiel 1: Die erste Größe nimmt zu* 5 Monteure benötigen für eine Arbeit 70 Stunden. Wie viele Stunden würden dann 7 Monteure benötigen? 1. **BS** 5 Monteure benötigen 70 h 2. **FS** 1 Monteur benötigt 70 h · 5 3. **SS** 7 Monteure benötigen $\frac{70\text{ h} \cdot 5}{7} = \underline{50\text{ h}}$ *Beispiel 2: Die erste Größe nimmt ab* Für eine Baustelle, die in 12 Tagen eingerichtet und in Betrieb genommen werden soll, sind 10 Monteure vorgesehen. Um wie viele Tage würde sich die Inbetriebnahme verzögern, wenn nur 6 Monteure zur Verfügung stehen? 1. **BS** 10 Monteure benötigen 12 Tage 2. **FS** 1 Monteur benötigt 12 Tage · 10 3. **SS** 6 Monteure benötigen $\frac{12\text{ Tage} \cdot 10}{6} = \underline{20\text{ Tage}}$
Zusammengesetzter Dreisatz Es sind mehr als drei Größen gegeben. Deshalb sind mehrere Folge- und Schlusssätze erforderlich.	*Beispiel:* Ein 4,0-m^2-Blech von 1,6 mm Dicke wiegt 18 kg. Wie viel kg wiegt ein 1,5-m^2-Blech von 1,2 mm Dicke? 1. **BS** 4,0 m^2; 1,6 mm wiegen 18 kg 2. **FS 1** 1,0 m^2; 1,6 mm wiegen $\frac{18\text{ kg}}{4}$ 3. **FS 2** 1,0 m^2; 1,0 mm wiegen $\frac{18\text{ kg}}{4 \cdot 1{,}6}$ 4. **SS 1** 1,0 m^2; 1,2 mm wiegen $\frac{18\text{ kg} \cdot 1{,}2}{4 \cdot 1{,}6}$ 5. **SS 2** 1,5 m^2; 1,2 mm wiegen $\frac{18\text{ kg} \cdot 1{,}2 \cdot 1{,}5}{4{,}0 \cdot 1{,}6} = \underline{5{,}1\text{ kg}}$

Allgemeine Grundlagen

Prozentrechnung

Prozentrechnung ist eine Dreisatzrechnung, bei der alle Größen auf den *Grundwert 100* bezogen sind.

Grundformel:

$$W = \frac{G \cdot P}{100\ \%}$$

W: Prozentwert

G: Grundwert

P: Prozentsatz

Beispiel 1: Prozentwert W gesucht

Ein Facharbeiter erhält auf seinen Stundenlohn von 17,50 Euro eine Lohnerhöhung von 3 %.
Wie viel Euro sind das?

$$W = \frac{G \cdot P}{100\ \%} = \frac{17{,}50\ \text{Euro} \cdot 3\ \%}{100\ \%} = \underline{0{,}53\ \text{Euro}}$$

Beispiel 2: Prozentsatz P gesucht

Die Spannung eines Netzes sinkt von 230 V auf 215 V.
Wie viel Prozent sind das?

$$P = \frac{W \cdot 100\ \%}{G} = \frac{15\ \text{V} \cdot 100\ \%}{230\ \text{V}} = \underline{6{,}5\ \%}$$

Beispiel 3: Grundwert G gesucht

Der Verkaufspreis einer Bohrmaschine wird um 15 %, das sind 35 Euro, die gegenüber dem Listenpreis gesenkt wurden.
Wie groß ist der Listenpreis?

$$G = \frac{W \cdot 100\ \%}{P} = \frac{35\ \text{Euro} \cdot 100\ \%}{15\ \%} = \underline{233\ \text{Euro}}$$

Potenzrechnung

Ein Produkt gleicher Faktoren kann als Potenz geschrieben werden.

Eine *Potenz* besteht aus

- *Basis*
- *Exponent*
- *Potenzwert*

$4^2 = 16$

Basis 4, Exponent 2, Potenzwert 16

$a \cdot a \cdot a = a^3$

$4 \cdot 4 \cdot 4 \cdot 4 = 4^4$

$10 \cdot 10 \cdot 10 = 10^3$

Ziffernschreibweise im Dezimalsystem	Potenzschreibweise	Zahl gesprochen	Vorsilbe – ihre Abkürzung in Verbindung mit Einheiten (DIN 1301)
0,000 000 000 001	10^{-12}	Billionstel	Pico- (p)
0,000 000 001	10^{-9}	Milliardstel	Nano- (n)
0,000 001	10^{-6}	Millionstel	Mikro- (µ)
0,001	10^{-3}	Tausendstel	Milli- (m)
0,01	10^{-2}	Hundertstel	Zenti- (c)
0,1	10^{-1}	Zehntel	Dezi- (d)
1	10^{0}	(Ausgangs)-Eins	
10	10^{1}	Zehn	Deka- (da)
100	10^{2}	Hundert	Hekto- (h)
1000	10^{3}	Tausend (Tsd)	Kilo- (k)
1 000 000	10^{6}	Million (Mio)	Mega- (M)
1 000 000 000	10^{9}	Milliarde (Mrd)	Giga- (G)
1 000 000 000 000	10^{12}	Billion (Bio)	Tera- (T)

Formelumstellung

1. Die gesuchte Größe steht in einer Summengleichung.
   - Seiten vertauschen.
   - Nicht gesuchte Glieder mit verändertem Vorzeichen auf die rechte Seite bringen.

$$U = U_0 - I \cdot R$$

$$U_0 - I \cdot R = U$$

$$U_0 = U + I \cdot R$$

$$\frac{1}{R_E} = \frac{1}{R_1} + \frac{1}{R_2} + \frac{1}{R_3}$$

$$\frac{1}{R_1} + \frac{1}{R_2} + \frac{1}{R_3} = \frac{1}{R_E}$$

$$\frac{1}{R_2} = \frac{1}{R_E} - \frac{1}{R_1} - \frac{1}{R_2}$$

Allgemeine Grundlagen

Formelumstellung

2. Die gesuchte Größe steht in einer Faktorengleichung. • Seiten vertauschen. • Nicht gesuchte Glieder auf die rechte Seite unter den Bruchstrich bringen.	$P = U \cdot I \cdot t$ $U \cdot I \cdot t = P$ $I = \frac{P}{U \cdot t}$	$X_L = 2\pi \cdot f \cdot L$ $2\pi \cdot f \cdot L = X_L$ $f = \frac{X_L}{2\pi \cdot L}$
3. Die gesuchte Größe steht in einer Quotientengleichung auf dem Bruchstrich. • Seiten vertauschen. • Nicht gesuchte Glieder auf die rechte Seite bringen. Was links auf dem Bruchstrich steht, kommt rechts unter den Bruchstrich. Was links unter dem Bruchstrich steht, kommt rechts auf den Bruchstrich.	$R = \frac{\varrho \cdot l}{A}$ $\frac{\varrho \cdot l}{A} = R$ $l = \frac{R \cdot A}{\varrho}$	$P = \frac{F \cdot s}{t}$ $\frac{F \cdot s}{t} = P$ $F = \frac{P \cdot t}{s}$
4. Die gesuchte Größe steht in einer Quotientengleichung unter dem Bruchstrich. • Seiten vertauschen. • Seiten umkehren. • Nicht gesuchte Glieder auf die rechte Seite bringen (wie bei 3.)	$R = \frac{l}{\gamma \cdot A}$ $\frac{l}{\gamma \cdot A} = R$ $\frac{\gamma \cdot A}{l} = \frac{1}{R}$ $A = \frac{l}{\gamma \cdot R}$	$X_C = \frac{1}{\omega \cdot C}$ $\frac{1}{\omega \cdot C} = X_C$ $\frac{\omega \cdot C}{1} = \frac{1}{X_C}$ $C = \frac{1}{\omega \cdot X_C}$
5. Die gesuchte Größe steht als Potenz in einer Gleichung. • Seiten vertauschen. • Nicht gesuchte Glieder auf die rechte Seite bringen. • Auf beiden Seiten die Wurzel ziehen. Auf der linken Seite heben sich Wurzel und Exponent auf.	$P = I^2 \cdot R$ $I^2 \cdot R = P$ $I^2 = \frac{P}{R}$ $I = \sqrt{\frac{P}{R}}$	$P = \frac{U^2}{R}$ $\frac{U^2}{R} = P$ $U^2 = P \cdot R$ $U = \sqrt{P \cdot R}$
6. Die gesuchte Größe steht als Wurzel in einer Gleichung. • Seiten vertauschen. • Beide Seiten quadrieren. Auf der linken Seite heben sich Wurzel und Exponent auf. • Nicht gesuchte Größe auf die rechte Seite bringen. • Auf beiden Seiten die Wurzel ziehen.	$I = \sqrt{A}$ $\sqrt{A} = I$ $A = I^2$	$Z = \sqrt{R^2 + X_L^{\ 2}}$ $\sqrt{R^2 + X_L^{\ 2}} = Z$ $R^2 + X_L^{\ 2} = Z^2$ $R^2 = Z^2 - X_L^{\ 2}$ $R = \sqrt{Z^2 - X_L^{\ 2}}$

Flächenberechnung

Quadrat

$A = a^2 \qquad a = \sqrt{A}$

$A = \frac{d^2}{2}$

$U = 4 \cdot a$

$d = \sqrt{2} \cdot a$

$d = \sqrt{2 \cdot A}$

A	Flächeninhalt	m^2
a	Seitenlänge	m
d	Diagonale	m
U	Umfang	m

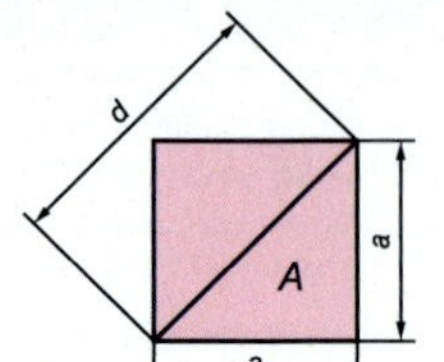

Raute

$A = l \cdot b$

$l = \frac{A}{b} \qquad b = \frac{A}{l}$

$A = l^2 \cdot \sin \alpha$

$l = \sqrt{\frac{A}{\sin \alpha}}$

$U = 4 \cdot l$

A	Flächeninhalt	m^2
l	Seitenlänge	m
b	Breite	m
α	Winkel	Grad
U	Umfang	m

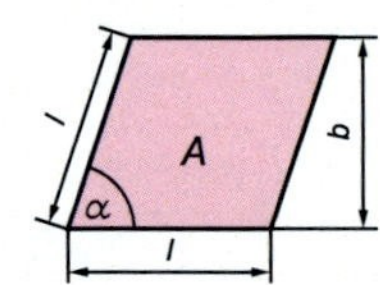

Rechteck

$A = a \cdot b$

$a = \frac{A}{b} \qquad b = \frac{A}{a}$

$U = 2a + 2b = 2 \cdot (a + b)$

$d = \sqrt{a^2 + b^2}$

$a = \sqrt{d^2 - b^2}$

$b = \sqrt{d^2 - a^2}$

$a = \frac{U}{2} - b \qquad b = \frac{U}{2} - a$

A	Flächeninhalt	m^2
a, b	Seitenlänge	m
d	Diagonale	m
U	Umfang	m

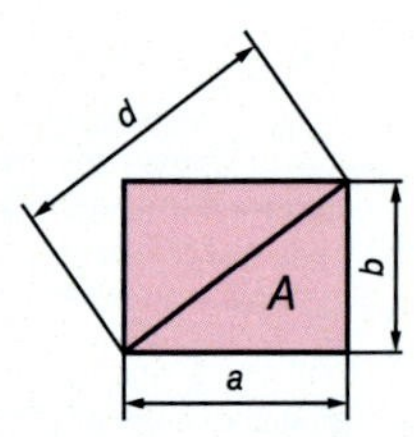

Parallelogramm

$A = l_1 \cdot b = l_1 \cdot l_2 \cdot \sin \alpha$

$l_1 = \frac{A}{b} \qquad b = \frac{A}{l_1}$

$l_1 = \frac{A}{l_2 \sin \alpha} \qquad l_2 = \frac{A}{l_1 \cdot \sin \alpha}$

$U = 2 \cdot (l_1 + l_2)$

$b = l_2 \cdot \sin \alpha$

A	Flächeninhalt	m^2
l_1, l_2	Seitenlänge	m
b	Höhe	m
α	Winkel	Grad
U	Umfang	m

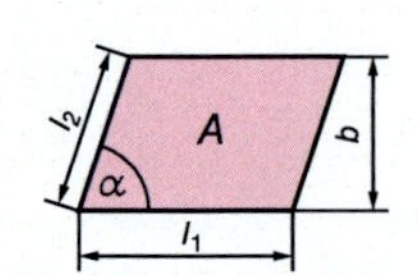

Dreieck, stumpfwinklig

$A = \frac{l \cdot h}{2}$

$l = \frac{2 \cdot A}{h} \qquad h = \frac{2 \cdot A}{l}$

A	Flächeninhalt	m^2
l	Grundseite	m
h	Höhe	m

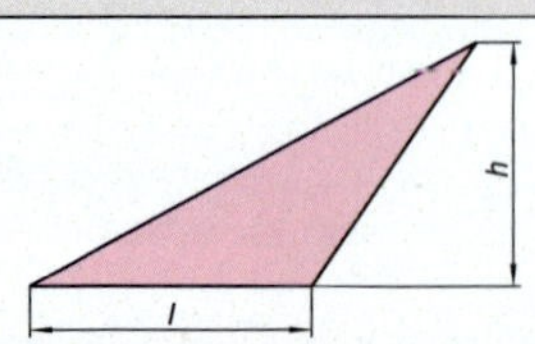

Flächenberechnung

Dreieck, spitzwinklig

$$A = \frac{l \cdot h}{2}$$

$l = \frac{2 \cdot A}{h}$ $\qquad$ $h = \frac{2 \cdot A}{l}$

A	Flächeninhalt	m^2
l	Grundseite	m
h	Höhe	m

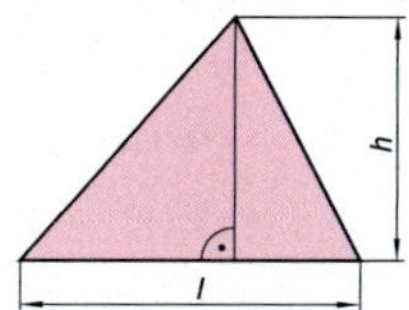

Dreieck, gleichschenklig ($\alpha = \beta$)

$$A = \frac{l \cdot h}{2}$$

$l_1 = \frac{l}{2} \cdot \sin \frac{\gamma}{2}$

$h = \sqrt{{l_1}^2 - \frac{l^2}{4}}$

$U = l + 2 \cdot l_1$

A	Flächeninhalt	m^2
l	Grundseite	m
l_1	Schenkellänge	m
γ	Spitzenwinkel	Grad
h	Höhe	m
U	Umfang	m

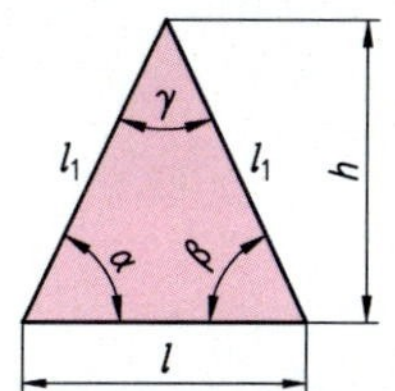

Dreieck, gleichseitig ($\alpha = \beta = \gamma$)

$$A = \frac{l^2}{4} \cdot \sqrt{3} \approx 0{,}433 \cdot l^2$$

$h = \frac{l}{2} \cdot \sqrt{3} \approx 0{,}866 \cdot l$

$U = 3 \cdot l$

$D = \frac{2}{3} \cdot \sqrt{3} \cdot l = 2 \cdot d$

$d = \frac{1}{3} \cdot \sqrt{3} \cdot l = \frac{D}{2}$

A	Flächeninhalt	m^2
l	Grundseite	m
d	Innenkreis-durchmesser	m
D	Umkreis-durchmesser	m
h	Höhe	m

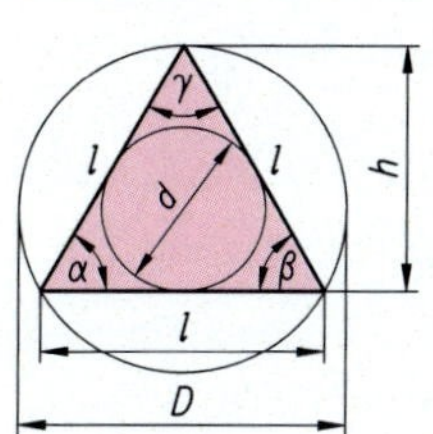

Trapez

$$l_m = \frac{l_1 + l_2}{2}$$

$l_1 = 2 \cdot l_m - l_2$

$l_2 = 2 \cdot l_m - l_1$

$A = \frac{l_1 + l_2}{2} \cdot b$

$A = l_m \cdot b$

$U = l_1 + l_2 + l_3 + l_4$

A	Flächeninhalt	m^2
l_1	große Seitenlänge	m
l_2	kleine Seitenlänge	m
l_m	mittlere Seitenlänge	m
b	Breite	m

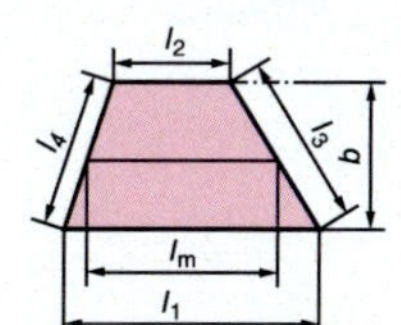

Dreieck

$$A = \frac{l \cdot h}{2}$$

$l = \frac{2 \cdot A}{h}$ $\qquad$ $h = \frac{2 \cdot A}{l}$

$A = \frac{a \cdot b \cdot \sin \gamma}{2}$

$\alpha + \beta + \gamma = 180°$

A	Flächeninhalt	m^2
l	Grundseite	m
h	Höhe	m
a, b, l	Seitenlängen	m
α, β, γ	Winkel	Grad

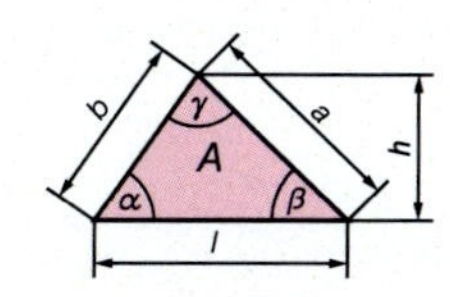

Flächenberechnung

Vieleck, regelmäßig

$$A = \frac{d \cdot l \cdot n}{4}$$

$d = \frac{4 \cdot A}{l \cdot n}$ $l = \frac{4 \cdot A}{d \cdot n}$

$l = D \cdot \sin\left(\frac{180°}{n}\right)$

$A = \frac{l \cdot b}{2} \cdot n$

$d = \sqrt{D^2 - l^2}$ $D = \sqrt{d^2 + l^2}$

$\alpha = \frac{360°}{n}$

$\beta = 180° - \alpha = \frac{(n-2) \cdot 180°}{n}$

$U = l \cdot n$

A	Flächeninhalt	m^2
d	Innen-durchmesser	m
D	Außen-durchmesser	m
l	Seitenlänge	m
n	Anzahl der Ecken	
α	Mittelpunkts-winkel	Grad
β	Eckenwinkel	Grad

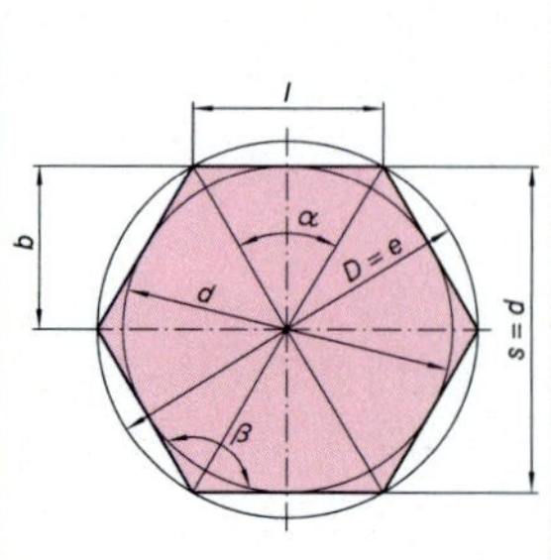

Vieleck, unregelmäßig

$$A = A_1 + A_2 + A_3 + \ldots + A_n$$

$A = \frac{l_1 \cdot h_1}{2} + \frac{l_2 \cdot h_2}{2} + \frac{l_3 \cdot h_3}{2} + \ldots$

$A = \frac{1}{2} \cdot (l_1 \cdot h_1 + l_2 \cdot h_2 + l_3 \cdot h_3 + \ldots)$

A	Flächeninhalt	m^2
l	Seitenlänge	m
h	Höhe	m

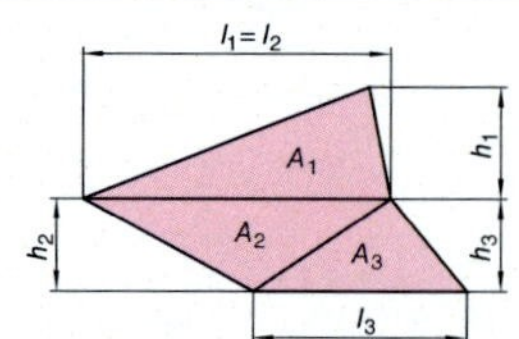

Verschnitt

Abschlagberechnung

$A_{Ges} = 100\ \%$

$A_V = A_{Ges} - A_F$

$A_{V\,\%} = \frac{A_{Ges} - A_F}{A_{Ges}} \cdot 100\ \%$

Zuschlag

$A_F = 100\ \%$

$A_{Ges} = A_F + A_{V\,Ges}$

$A_{V\,\%} = \frac{A_F + A_{V\,Ges}}{A_F} \cdot 100\ \%$

A_S	Blechbedarf	m^2
A_F	Werkstückfläche (Fertigteil)	m^2
A_V	Verschnitt	m^2
$A_{V\,Ges}$	Summe der Verschnitt-teilflächen	m^2
$A_{V\,\%}$	Verschnitt	%

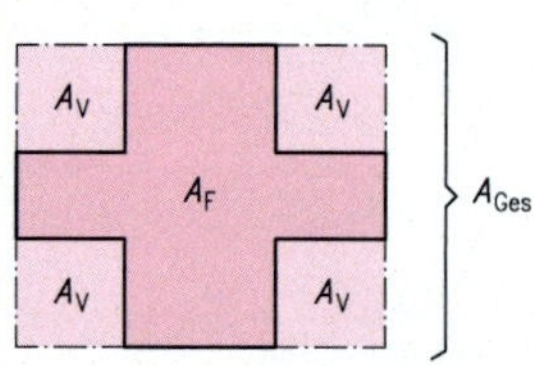

Zusammengesetzte Fläche

$A = A_1 - A_2 - A_3$

$A_1 = l \cdot b$

$A_2 = a^2$

$A_3 = \frac{\pi \cdot b^2}{8}$

s. Zeichnung

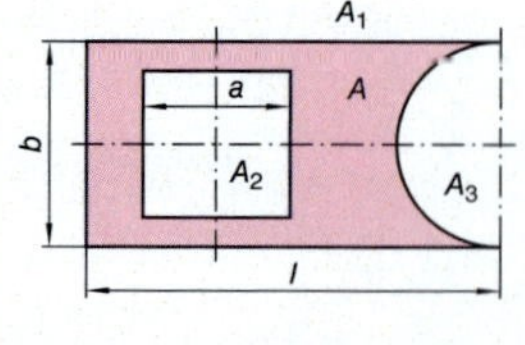

Flächenberechnung

Kreis

$$A = \frac{d^2 \cdot \pi}{4} = d^2 \cdot 0{,}785 = \frac{U}{2} \cdot \pi$$

$d = \sqrt{\frac{4 \cdot A}{\pi}}$

$A = \pi \cdot r^2 \; r = \sqrt{\frac{A}{\pi}}$

$U = \pi \cdot d \; d = \frac{U}{\pi}$

$U = 2 \cdot \sqrt{\pi \cdot A}$

A	Flächeninhalt	m²
d	Durchmesser	m
r	Radius	m
U	Umfang	m

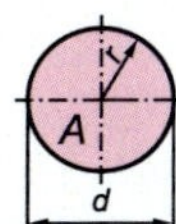

Kreisring

$$D = \sqrt{\frac{4 \cdot A}{\pi} + d^2}$$

$$d = \sqrt{D^2 - \frac{4 \cdot A}{\pi}}$$

$d_m = \frac{d + D}{2}$ $\qquad d_m = d + b$

$d_m = D - b$ $\qquad b = \frac{D - d}{2}$

$L = \pi \cdot d_m$ (gestreckte Länge)

$A = \frac{\pi}{4} \cdot (D^2 - d^2) = \pi \cdot d_m \cdot b$

A	Flächeninhalt	m²
D	Außen-durchmesser	m
d	Innen-durchmesser	m
d_m	mittlerer Durchmesser	m
b	Wandstärke	m
L	gestreckte Länge	m

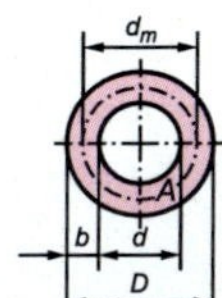

Kreisbogen

$$l_b = \frac{\pi \cdot d \cdot \alpha}{360°} = \frac{\pi \cdot r \cdot \alpha}{180°}$$

$d = \frac{l_b \cdot 360°}{\pi \cdot \alpha}$

$\alpha = \frac{l_b \cdot 360°}{\pi \cdot d}$

l_b	Bogenlänge	m
d	Durchmesser	m
α	Winkel	Grad
r	Radius	m

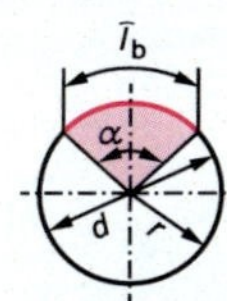

Kreisausschnitt

$$A = \frac{\pi \cdot d^2}{4} \cdot \frac{\alpha}{360°} = \pi \cdot r^2 \cdot \frac{\alpha}{360°}$$

$\alpha = \frac{4 \cdot A}{\pi \cdot d^2} \cdot 360°$

$d = \sqrt{\frac{4 \cdot a}{\pi} \cdot \frac{360°}{\alpha}}$

$r = \sqrt{\frac{A}{\pi} \cdot \frac{360°}{\alpha}} = \frac{s}{2 \cdot \sin\frac{\alpha}{2}}$

$\widehat{l} = d \cdot \pi \cdot \frac{\alpha}{360°} = 2 \cdot \pi \cdot r \cdot \frac{\alpha}{360°}$

$A = \frac{\widehat{l} \cdot r}{2}$ $\qquad \widehat{l} = \frac{2 \cdot A}{r}$

$s = 2 \cdot r \cdot \sin\frac{\alpha}{2}$

A	Flächeninhalt	m²
d	Durchmesser	m
r	Radius	m
α	Winkel	Grad
$\widehat{l}$	Bogenlänge	m
s	Sehnenlänge	m

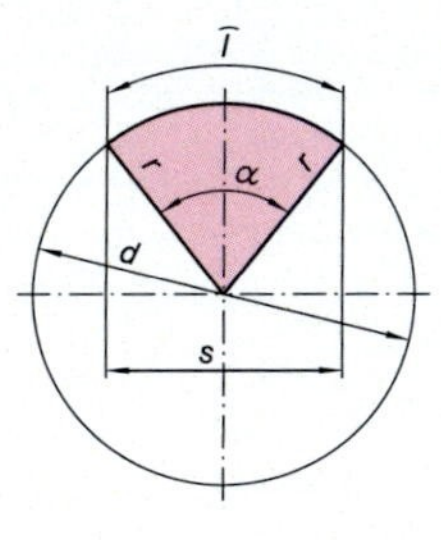

Flächenberechnung

Kreisringausschnitt

$$A = \frac{\pi}{4} \cdot (D^2 - d^2) \cdot \frac{\alpha}{360°}$$

$$d_m = \frac{d + D}{2}$$

$$D = \sqrt{d^2 + \frac{4 \cdot A \cdot 360°}{\pi \cdot \alpha}}$$

$$d = \sqrt{D^2 - \frac{4 \cdot A \cdot 360°}{\pi \cdot \alpha}}$$

$$\alpha = \frac{4 \cdot A \cdot 360°}{\pi \cdot (D^2 - d^2)}$$

$$b = \frac{D - d}{2}$$

A	Flächeninhalt	m^2
D	Außen-durchmesser	m
d	Innen-durchmesser	m
α	Winkel	Grad
b	Wandstärke	m
d_m	mittlerer Durchmesser	m

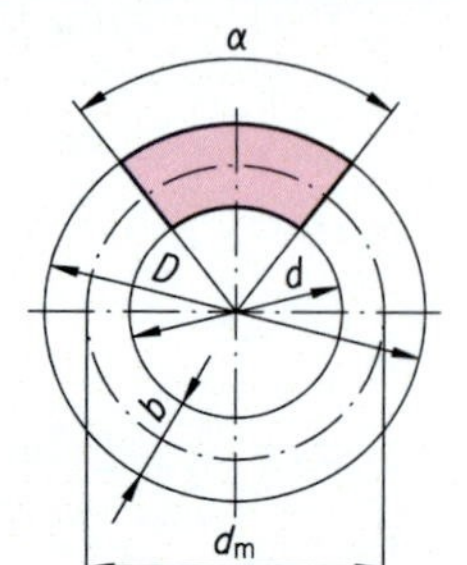

Kreisabschnitt

$$A = \frac{r \cdot \widehat{l} - s\,(r - h)}{2}$$

$$A \approx \frac{2}{3} \cdot s \cdot h$$

$$A = d^2 \cdot \frac{\pi}{4} \cdot \frac{\alpha}{360°} - \frac{s \cdot (r - h)}{2}$$

$$d = \sqrt{\frac{A + \frac{s \cdot (r - h)}{2}}{\frac{\pi}{4} \cdot \frac{\alpha}{360°}}}$$

$$\alpha = \frac{A + \frac{s \cdot (r - h)}{2}}{d^2 \cdot \frac{\pi}{4} \cdot \frac{1}{360°}}$$

$$s = \frac{d^2 \cdot \frac{\pi}{4} \cdot \frac{\alpha}{360°} - A}{\frac{1}{2} \cdot (r - h)}$$

$$r = 2 \cdot \left(\frac{d^2 \cdot \frac{\pi}{4} \cdot \frac{\alpha}{360°} - A}{s} + \frac{1}{2} \cdot h \right)$$

$$A = \pi \cdot r^2 \cdot \frac{\alpha}{360°} - \frac{s \cdot (r - h)}{2}$$

A	Flächeninhalt	m^2
r	Radius	m
$\widehat{l}$	Bogenlänge	m
s	Sehnenlänge	m
h	Bogenhöhe	m
α	Winkel	Grad
d	Innen-durchmesser	m

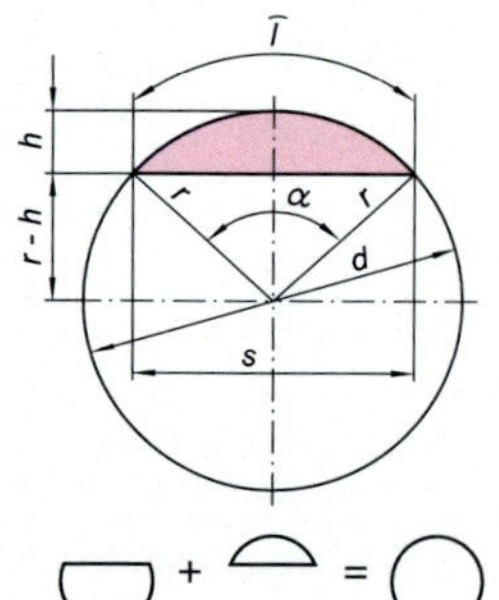

$$s = d \cdot \sin \frac{\alpha}{2} = 2 \cdot \sqrt{h \cdot (2r - h)}$$

$$h = r \cdot \left(1 - \cos \frac{\alpha}{2}\right) = r - \sqrt{r^2 - \frac{s^2}{4}}$$

$$h = r + \left(A - \frac{d^2 \cdot \pi}{4} \cdot \frac{\alpha}{360°}\right) \cdot \frac{2}{s}$$

$$\widehat{l} = d \cdot \pi \cdot \frac{\alpha}{360°} \qquad \alpha = \frac{\widehat{l} \cdot 360°}{d \cdot \pi} \qquad d = \frac{\widehat{l} \cdot 360°}{\pi \cdot \alpha}$$

Satz des Pythagoras

Im *rechtwinkligen* Dreieck ist die Summe der Kathetenquadrate gleich dem Hypotenusenquadrat.
Die Katheten schließen den rechten Winkel ein.

$$c^2 = a^2 + b^2$$

$$c = \sqrt{a^2 + b^2}$$

$$a = \sqrt{c^2 - b^2}$$

$$b = \sqrt{c^2 - a^2}$$

a, b	Katheten
c	Hypotenuse

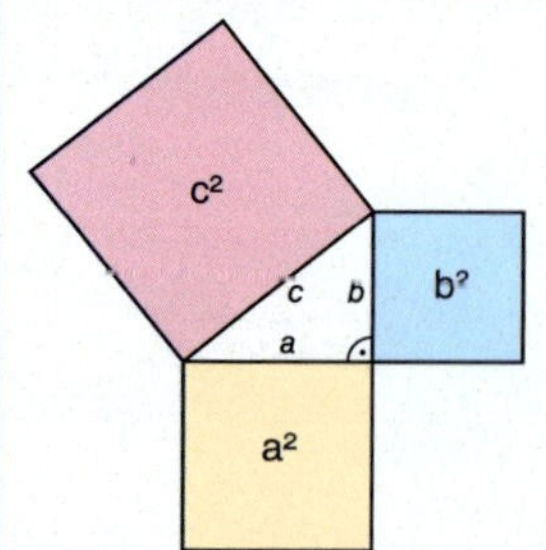

Rechtwinkliges Dreieck

Winkelfunktionen

Die Winkelfunktionen gelten nur im *rechtwinkligen* Dreieck.

$$\sin\alpha = \frac{\text{Gegenkathete}}{\text{Hypotenuse}}$$

$$\cos\alpha = \frac{\text{Ankathete}}{\text{Hypotenuse}}$$

$$\tan\alpha = \frac{\text{Gegenkathete}}{\text{Ankathete}}$$

$$\cot\alpha = \frac{\text{Ankathete}}{\text{Gegenkathete}}$$

Hypotenuse	längste Dreieckseite
Gegenkathete	liegt dem Winkel gegenüber
Ankathete	liegt am Winkel an

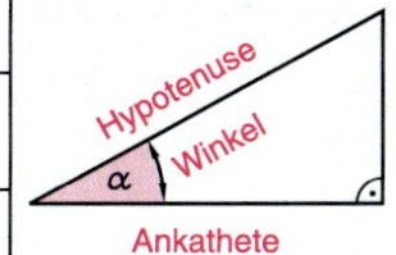

Bezogen auf den Winkel α

$\sin\alpha = \frac{a}{c}$ $\quad$ $\cos\alpha = \frac{b}{c}$

$a = c \cdot \sin\alpha$ $\quad$ $b = c \cdot \cos\alpha$

$c = \frac{a}{\sin\alpha}$ $\quad$ $c = \frac{b}{\cos\alpha}$

$\tan\alpha = \frac{a}{b}$ $\quad$ $\cot\alpha = \frac{b}{a}$

$a = b \cdot \tan\alpha$ $\quad$ $b = a \cdot \cot\alpha$

$b = \frac{a}{\tan\alpha}$ $\quad$ $a = \frac{b}{\cot\alpha}$

a	Gegenkathete
b	Ankathete
c	Hypotenuse
α, β	Winkel

Bezogen auf den Winkel β

$\sin\beta = \frac{b}{c}$ $\quad$ $\cos\beta = \frac{a}{c}$

$\tan\beta = \frac{b}{a}$ $\quad$ $\cot\beta = \frac{a}{b}$

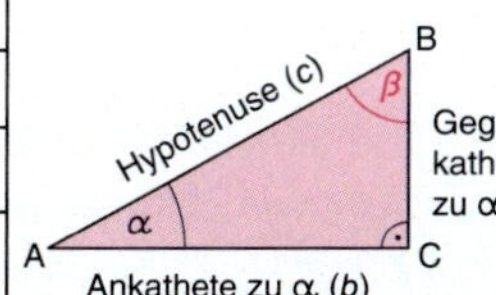

Winkelsumme

$$\alpha + \beta + \gamma = 180°$$

α, β, γ	Winkel im Dreieck	Grad

Sinussatz

$$a : b : c = \sin\alpha : \sin\beta : \sin\gamma$$

$$\frac{a}{b} = \frac{\sin\alpha}{\sin\beta} \quad \frac{b}{c} = \frac{\sin\beta}{\sin\gamma} \quad \frac{a}{c} = \frac{\sin\alpha}{\sin\gamma}$$

$$\frac{a}{\sin\alpha} = \frac{b}{\sin\beta} = \frac{c}{\sin\gamma}$$

α, β, γ	Winkel im Dreieck	Grad
a, b, c	Dreieckseiten	

Cosinussatz

$$a^2 = b^2 + c^2 - 2 \cdot b \cdot c \cdot \cos\alpha$$
$$b^2 = a^2 + c^2 - 2 \cdot a \cdot c \cdot \cos\beta$$
$$c^2 = a^2 + b^2 - 2 \cdot a \cdot b \cdot \cos\gamma$$

$$\cos\alpha = \frac{b^2 + c^2 - a^2}{2 \cdot b \cdot c}$$

$$\cos\beta = \frac{a^2 + c^2 - b^2}{2 \cdot a \cdot c}$$

$$\cos\gamma = \frac{a^2 + b^2 - c^2}{2 \cdot a \cdot b}$$

α, β, γ	Winkel im Dreieck	Grad
a, b, c	Dreieckseiten	

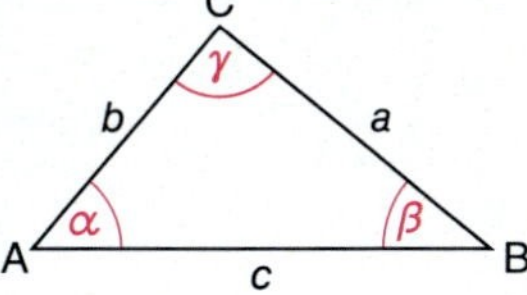

Rechtwinkliges Dreieck

Höhensatz

$h^2 = p \cdot q$ $\quad h = \sqrt{p \cdot q}$

$q = \frac{h^2}{p}$ $\quad p = \frac{h^2}{q}$

h	Höhe	m
p, q	Hypotenusen-abschnitte	m

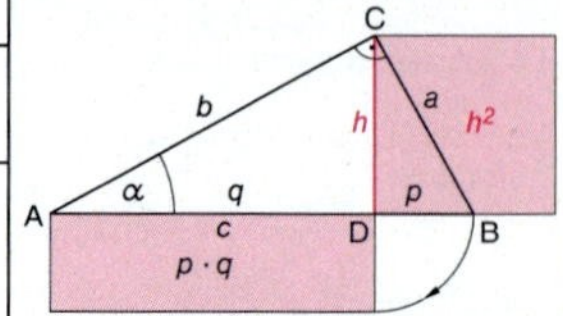

Kathetensatz, Lehrsatz des Euklid

$a^2 = c \cdot p$ $\quad b^2 = c \cdot q$

$a = \sqrt{c \cdot p}$ $\quad b = \sqrt{c \cdot q}$

$c = \frac{a^2}{p}$ $\quad c = \frac{b^2}{q}$

$q = \frac{b^2}{c}$ $\quad p = \frac{a^2}{c}$

a, b	Katheten	m
c	Hypotenuse	m
p, q	Hypotenusen-abschnitte	m

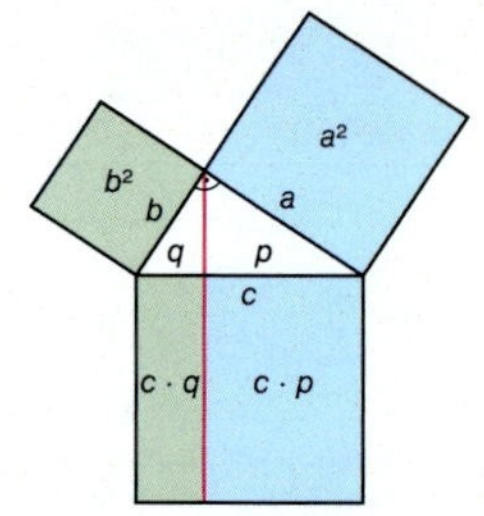

Strahlensatz

$\frac{a}{b} = \frac{c}{d}$

$a = \frac{c \cdot b}{d}$ $\quad b = \frac{a \cdot d}{c}$

$c = \frac{a \cdot d}{b}$ $\quad d = \frac{c \cdot b}{a}$

$\frac{a}{a + b} = \frac{e}{f}$

$a = \frac{e \cdot (a + b)}{f}$ $\quad a + b = \frac{a \cdot f}{e}$

$e = \frac{a \cdot f}{a + b}$ $\quad f = \frac{e \cdot (a + b)}{a}$

Wenn zwei von einem Punkt ausgehende Strahlen von Parallelen geschnitten werden, so bestehen zwischen Parallelabschnitten und Strahlenabschnitten gleiche Verhältnisse.

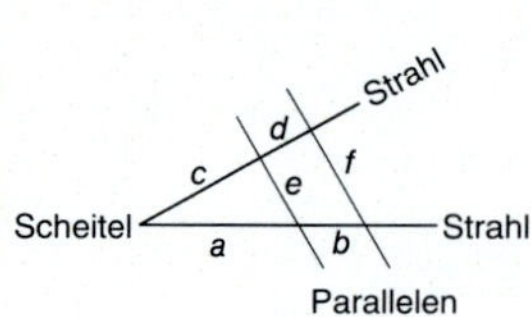

Steigung, Neigung

$\tan \alpha = \frac{1}{y} = \frac{h}{l}$

$y = \frac{l}{h}$ $\quad h = \frac{l}{y}$ $\quad l = y \cdot h$

$x = \tan \alpha \cdot 100\ \%$

$\tan \alpha = \frac{x}{100\ \%}$

$x = \frac{h}{l} \cdot 100\ \%$ $\quad l = \frac{h}{x} \cdot 100\ \%$

$h = \frac{x \cdot l}{100\ \%}$

α	Steigungs-/ Neigungswinkel	Grad
$\frac{1}{y}$	Steigungs-/ Neigungsverhältnis	$\frac{1}{m}$
h	Höhe	m
l	Länge der Waagerechten	m
x	Steigung	%
y	Länge der Waagerechten bei $h = 1$	m

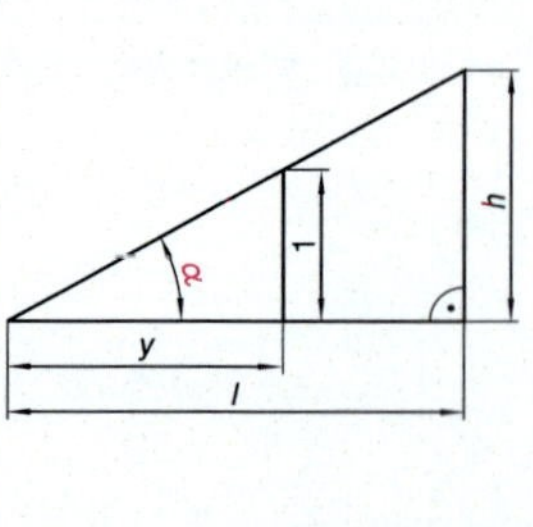

Teilungen, Längen

Teilungen

Endabstand durch Teilung P

$$l = z \cdot P \quad z = n + 1 \quad l = (n+1) \cdot P$$

$$P = \frac{l}{n+1} \qquad n = \frac{l}{P} - 1$$

Endabstand ungleich ($l_1 \neq l_2 \neq P$)

$$l = z \cdot P + l_1 + l_2 \qquad z = n - 1$$
$$l = (n-1) \cdot P + l_1 + l_2$$

$$P = \frac{l - (l_1 + l_2)}{n-1} \qquad n = \frac{l - (l_1 + l_2)}{P} + 1$$

$$l_1 = l - l_2 - P \cdot (n-1)$$

$$l_2 = l - l_1 - P \cdot (n-1)$$

l	Werkstücklänge	m
l_1, l_2	Endabstände	m
P	Teilung	m
z	Anzahl der Teilungen	
n	Anzahl der Bohrungen	

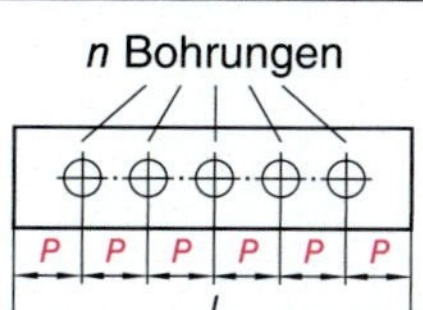

l
l_1 P P P l_2
z Teilungen

Gestreckte Länge

$$\hat{l} = \pi \cdot d_m$$

$$d_m = \frac{\hat{l}}{\pi}$$

$$\hat{l}_1 = d_m \cdot \pi \cdot \frac{\alpha}{360°}$$

$$d_m = \frac{\hat{l}_1 \cdot 360°}{\pi \cdot \alpha}$$

$$\alpha = \frac{\hat{l}_1 \cdot 360°}{\pi \cdot d_m}$$

$$L = \hat{l} + l_2$$

$\hat{l}$	gestreckte Länge	m
d_m	Durchmesser neutrale Faser	m
α	Biegewinkel	Grad
l_1, l_2	Teillängen	m
L	Werkstücklänge	m

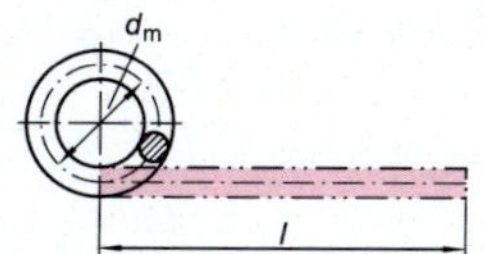

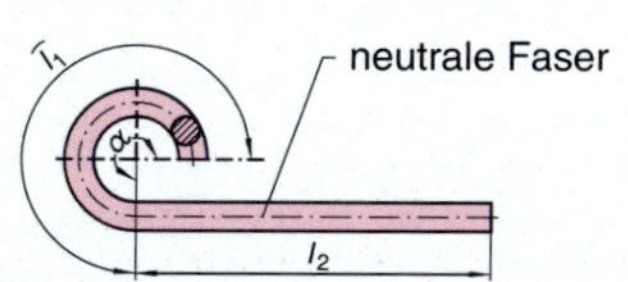

Teilungen von Längen

mit Berücksichtigung der Werkstückdicke

$$t_{max} = l_{i\,max} + s$$

$$L = l_{i\,R} + s_P$$

$$L_a = L + s_P$$

$$z = \frac{L}{t_{max}} = \frac{l_{i\,R} + s_P}{l_{i\,max} + s}$$

$$n = z - 1$$

$$l_i = \frac{l_{i\,R} - n \cdot s}{z}$$

$$l_i = \frac{L_a - (2 \cdot s_P + n \cdot s)}{z}$$

t_{max}	maximale Teilung	m
L	Gesamtlänge	m
l	lichte Weite	m
l_{max}	maximale lichte Weite	m
$l_{i\,R}$	lichte Weite des Rahmens	m
L_a	Außenlänge	m
s	Stabdicke	m
s_P	Pfostendicke	m
z	Anzahl der Teilungen (Felder)	m
n	Anzahl der Stäbe (Bohrungen)	m

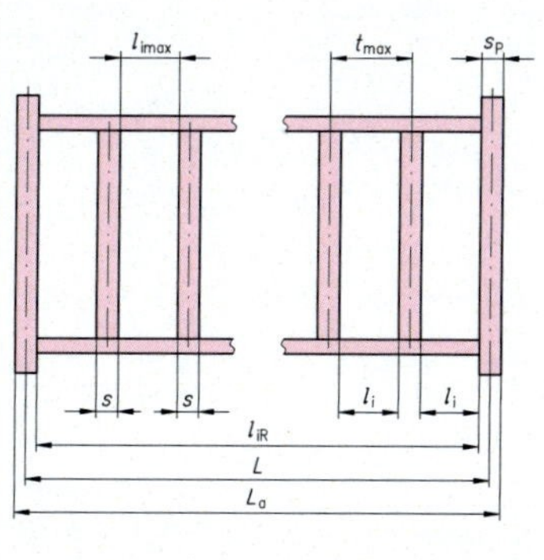

Teilungen, Längen

Trennen von Werkstückteilen

Formeln				
$n = \frac{L}{l_T + s}$	n	Anzahl der Teilstücke		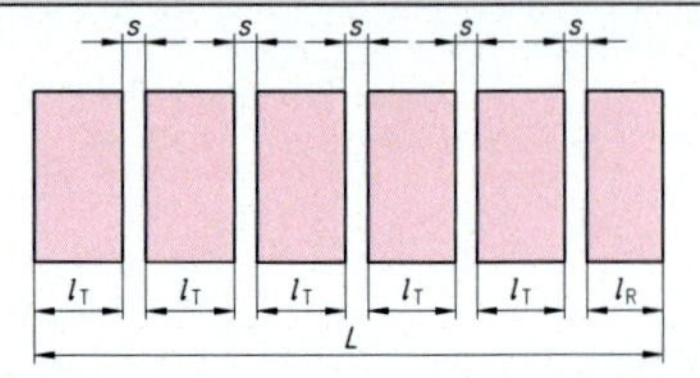
$l_R = L - (l_T + s) \cdot n$	L	Gesamtlänge	m	
	l_T	Länge eines Werkstückteils	m	
	l_R	Restlänge	m	
	s	Sägeschnittbreite	m	n ist bis zur nächsten ganzen Zahl abzurunden

Volumen, Oberflächen

Würfel

Formeln				
$V = a^3 \quad A = a^2 \quad A_O = 6 \cdot a^2$	V	Volumen	m^3	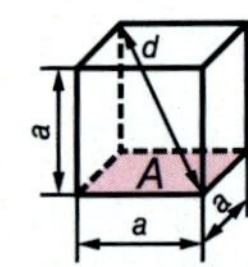
$d = \sqrt{3} \cdot a \quad a = \frac{d}{\sqrt{3}}$	A	Grundfläche	m^2	
	A_O	Oberfläche	m^2	
	a	Kantenlänge	m	
	d	Diagonale	m	

Prisma

Formeln				
$V = A \cdot h = a \cdot b \cdot h$	V	Volumen	m^3	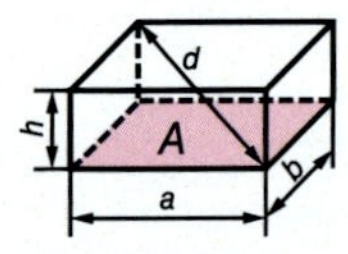
$A = \frac{V}{h} \quad h = \frac{V}{A}$	A	Grundfläche	m^2	
$A = a \cdot b$	h	Höhe	m^2	
$A_O = 2 \cdot (a \cdot b + a \cdot h + b \cdot h)$	a, b	Kantenlänge	m	
$d = \sqrt{a^2 + b^2 + h^2}$	d	Diagonale	m	

Zylinder

Formeln				
$V = \frac{\pi}{4} \cdot d^2 \cdot h = \pi \cdot r^2 \cdot h = A \cdot h$	V	Volumen	m^3	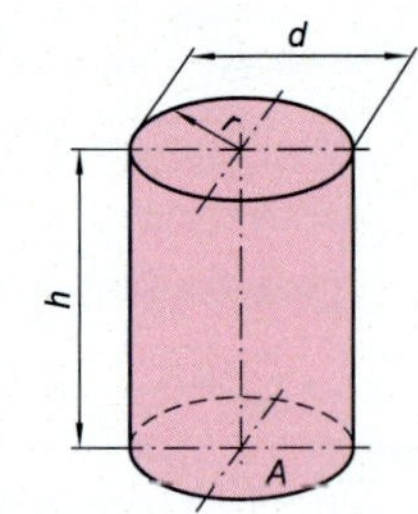
$d = \sqrt{\frac{4 \cdot V}{\pi \cdot h}} \quad h = \frac{4 \cdot V}{\pi \cdot d^2}$	A	Grundfläche	m^2	
$r = \sqrt{\frac{V}{\pi \cdot h}}$	d	Durchmesser	m	
$A_M = \pi \cdot d \cdot h = 2 \cdot \pi \cdot r \cdot h$	r	Radius	m	
$d = \frac{A_M}{\pi \cdot h} \quad r = \frac{A_M}{2 \cdot \pi \cdot h}$	h	Höhe	m	
$h = \frac{A_M}{\pi \cdot d} \quad h = \frac{A_M}{2 \cdot \pi \cdot r}$	A_O	Oberfläche	m	
$A_O = \pi \cdot d \cdot h + 2 \cdot \frac{\pi \cdot d^2}{4}$	A_M	Mantelfläche	m	
$A_O = 2 \cdot \pi \cdot r \cdot h + 2 \cdot \pi \cdot r^2$	$A = d^2 \cdot \frac{\pi}{4}$			
$h = \frac{A_O - 2 \cdot \frac{\pi \cdot d^2}{4}}{\pi \cdot d}$	$d = \sqrt{\frac{4 \cdot A}{\pi}}$			
$h = \frac{A_O + 2 \cdot \pi \cdot r^2}{2 \cdot \pi \cdot r}$				

Volumen, Oberflächen

Hohlzylinder

$$V = A \cdot h = \pi \cdot d_m \cdot b \cdot h$$
$$V = \frac{\pi}{4} \cdot h \cdot (D^2 - d)$$

$$D = \sqrt{\frac{4 \cdot V}{\pi \cdot h} + d^2} \quad d = \sqrt{D^2 - \frac{4 \cdot V}{\pi \cdot h}}$$

$$h = \frac{4 \cdot V}{\pi \cdot (D^2 - d^2)}$$

$$A_M = \pi \cdot h \cdot (D + d)$$

$$D = \frac{A_M}{\pi \cdot h} - d \qquad h = \frac{A_M}{\pi \cdot (D + d)}$$

$$d = \frac{A_M}{\pi \cdot h} - D$$

$$d_m = \frac{D + d}{2} \qquad d_m = d + b = D - b$$

$$A_O = \pi \cdot \left[\frac{D^2 - d^2}{2} + h \cdot (D + d)\right]$$

$$h = \frac{A_O - \pi \cdot \frac{D^2 - d^2}{2}}{\pi \cdot (D + d)}$$

$$A = \frac{\pi}{4}(D^2 - d^2) = \frac{\pi}{4} \cdot d_m \cdot b$$

V	Volumen	m^3
A	Grundfläche	m^2
d	Innendurchmesser	m
D	Außen-durchmesser	m
d_m	mittlerer Durchmesser	m
h	Höhe	m
b	Wanddicke	m
A_O	Oberfläche	m^2
A_M	Mantelfläche	m^2

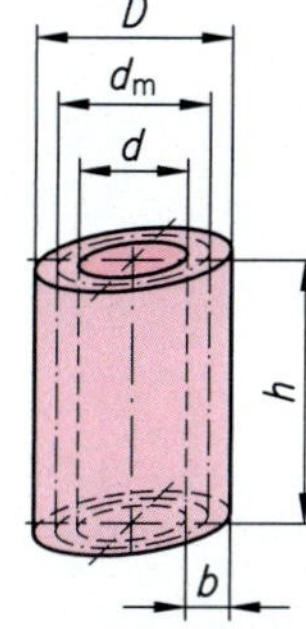

Pyramide

$$V = \frac{1}{3} \cdot a \cdot b \cdot h$$

$$a = \frac{3 \cdot V}{b \cdot h} \qquad b = \frac{3 \cdot V}{a \cdot h} \qquad h = \frac{3 \cdot V}{a \cdot b}$$

$$A_M = h_s \cdot (a + b)$$

$$h_s = \frac{A_M}{a + b} \qquad a = \frac{A_M - b \cdot h_s}{h_s}$$

$$b = \frac{A_M - a \cdot h_s}{h_s}$$

$$A_O = h_s \cdot (a + b) + a \cdot b$$

$$h_s = \frac{A_O - a \cdot b}{a + b}$$

$$h_s = \sqrt{x^2 - \left(\frac{b}{2}\right)^2} = \sqrt{h^2 + \frac{a^2}{4}}$$

$$x = \sqrt{h_s^2 + \left(\frac{b}{2}\right)^2}$$

$$x = \sqrt{h^2 + \left(\frac{\sqrt{a^2 + b^2}}{2}\right)^2}$$

V	Volumen	m^2
a	Kantenlänge	m
b, x	Kantenlänge	m
A	Grundfläche	m^2
A_O	Oberfläche	m^2
A_M	Mantelfläche	m^2
h	Höhe	m
h_s	Höhe der Seitenfläche	m

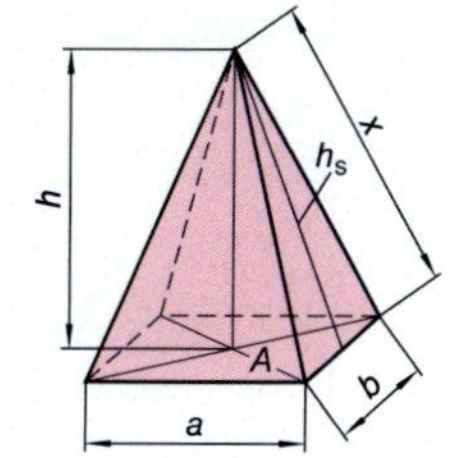

Volumen, Oberflächen

Pyramidenstumpf

$$V = \frac{h}{3} \cdot (A_1 + A_2 + \sqrt{A_1 \cdot A_2})$$

$A_1 = a_1 \cdot b_1$ $\quad A_2 = a_2 \cdot b_2$

$a_1 = \frac{A_1}{b_1}$ $\quad a_2 = \frac{A_2}{b_2}$

$b_1 = \frac{A_1}{a_1}$ $\quad b_2 = \frac{A_2}{a_2}$

$h = \frac{3 \cdot V}{A_1 + A_2 + \sqrt{A_1 \cdot A_2}}$

$h = \sqrt{h_s^2 - \left(\frac{a_1 - a_2}{2}\right)^2}$

V	Volumen	m^3
A_1	Grundfläche	m^2
A_2	Deckfläche	m^2
a_1	Seitenlänge, groß	m
a_2	Seitenlänge, klein	m
b_1	Breite, groß	m
b_2	Breite, klein	m
h	Höhe	m
h_s	Mantelhöhe	m

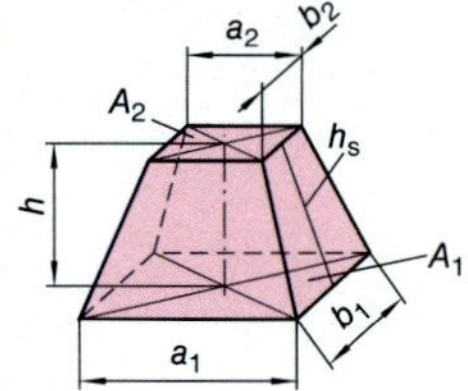

$$A_M = h_s \cdot (a_1 + a_2 + b_1 + b_2)$$

$h_s = \frac{A_M}{a_1 + a_2 + b_1 + b_2} = \sqrt{\frac{(b_1 - b_2)^2}{4} + h^2} = \sqrt{\frac{(a_1 - a_2)^2}{4} + h^2}$

$$A_O = h_s \cdot (a_1 + a_2 + b_1 + b_2) + a_1 \cdot b_1 + a_2 \cdot b_2$$

$h_s = \frac{A_O - a_1 \cdot b_1 - a_2 \cdot b_2}{a_1 + a_2 + b_1 + b_2}$

$h_s = \sqrt{h^2 + \frac{1}{4} \cdot (a_1^2 - 2 \cdot a_1 \cdot a_2 + a_2^2)}$

Kegel

$$V = \frac{1}{3} \cdot h \cdot \frac{\pi \cdot D^2}{4} = \frac{1}{3} A \cdot h$$

$h = \frac{12 \cdot V}{\pi \cdot D^2}$ $\quad D = \sqrt{\frac{12 \cdot V}{\pi \cdot h}}$

$$A_M = \frac{\pi \cdot D}{2} \cdot h_M = \pi \cdot r \cdot h_M$$

$D = \frac{2 \cdot A_M}{\pi \cdot h_M}$ $\quad h_M = \frac{2 \cdot A_M}{\pi \cdot D}$

$$A_O = \frac{\pi \cdot D}{2} \cdot \left(h_M + \frac{D}{2}\right)$$

$h_M = \sqrt{\left(\frac{D}{2}\right)^2 + h^2}$

$D = 2 \cdot \sqrt{h_M^2 - h^2}$

$h = \sqrt{h_M^2 - \left(\frac{D}{2}\right)^2}$

V	Volumen	m^3
A	Grundfläche, Kreis	m^2
d	Durchmesser, klein	m
D	Durchmesser, groß	m
r	Radius	m
h	Höhe	m
h_M	Höhe der Mantelfläche	m
A_O	Oberfläche	m^2
A_M	Mantelfläche	m^2

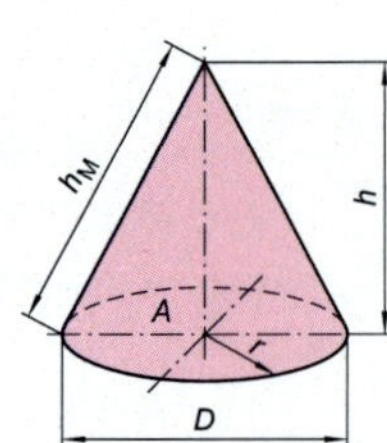

Volumen, Oberflächen

Kegelstumpf

$$V = \frac{1}{12} \cdot \pi \cdot h \cdot (D^2 + d^2 + D \cdot d)$$

$$A_M = \frac{\pi}{2} \cdot h_M \cdot (D + d)$$

$$D = \frac{2 \cdot A_M}{\pi \cdot h_M} - d \qquad d = \frac{2 \cdot A_M}{\pi \cdot h_M} - D$$

$$h_M = \frac{2 \cdot A_M}{\pi \cdot (D + d)}$$

$$h_M = \sqrt{h^2 + \left(\frac{D - d}{2}\right)^2}$$

$$h = \sqrt{{h_M}^2 - \left(\frac{D - d}{2}\right)^2}$$

$$A_O = \frac{\pi}{2} \cdot \left[(D + d) \cdot h_M + \frac{D^2 + d^2}{2}\right]$$

V	Volumen	m^3
A_M	Mantelfläche	m^2
A_O	Oberfläche	m^2
D	Durchmesser, groß	m
d	Durchmesser, klein	m
h	Höhe	m
h_M	Mantelhöhe	m

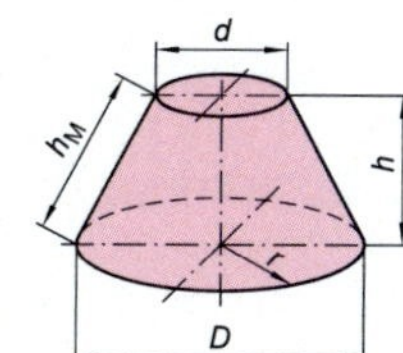

Kugel

$$V = \frac{\pi}{6} \cdot d^3 = \frac{4}{3} \cdot \pi \cdot r^3$$

$$d = \sqrt[3]{\frac{6 \cdot V}{\pi}}$$

$$A_O = \pi \cdot d^2 = 4 \cdot \pi \cdot r^2$$

$$d = \sqrt{\frac{A_O}{\pi}}$$

V	Volumen	m^3
d	Durchmesser	m
A_O	Oberfläche	m^2
r	Radius	m

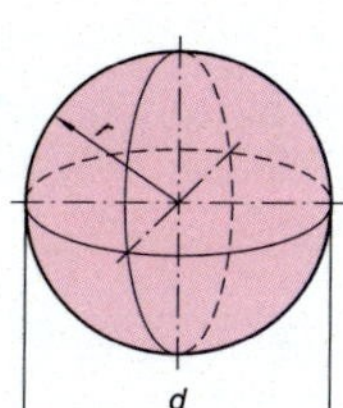

Ring mit Kreisquerschnitt

$$A_O = \pi^2 \cdot d_1 \cdot d_m$$

$$V = \pi \cdot d_m \cdot A$$

$$V = \frac{\pi \cdot {d_1}^2}{4} \cdot \pi \cdot d_m$$

$$d_m = d_2 - d_1 = d_3 + d_1$$

$$d_m = \frac{d_2 + d_3}{2}$$

$$A = \frac{\pi \cdot {d_1}^2}{4}$$

V	Volumen	m^3
d_1	Ringdurchmesser	m
d_2	Außendurchmesser	m
d_3	Innendurchmesser	m
d_m	mittlerer Durchmesser	m
A	Ringquerschnitt	m^2
A_O	Oberfläche	m^2

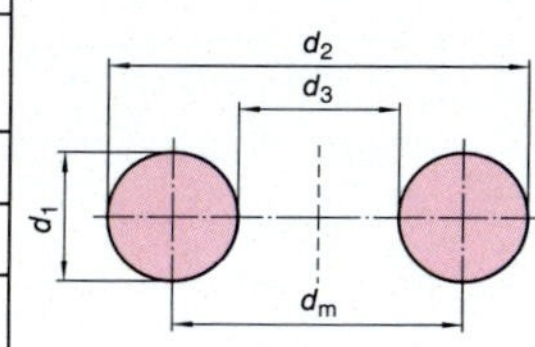

Volumen, Oberflächen

Kugelabschnitt (Kalotte)

$$V = \pi \cdot h^2 \cdot \left(\frac{d}{2} - \frac{h}{3}\right)$$

$$d = 2 \cdot \left(\frac{V}{\pi \cdot h^2} + \frac{h}{3}\right)$$

$$A_M = \pi \cdot d \cdot h$$

$$d = \frac{A_M}{\pi \cdot h} \qquad h = \frac{A_M}{\pi \cdot d}$$

$$A_O = \pi \cdot h \cdot (2 \cdot d - h)$$

$$d = \frac{A_O}{2 \cdot \pi \cdot h} + \frac{h}{2} = h + \frac{d_1^2}{4 \cdot h}$$

$$A = \frac{\pi \cdot d_1^2}{4}$$

$$d_1 = \sqrt{\frac{4 \cdot A}{\pi}} = 2 \cdot \sqrt{h \cdot (d - h)}$$

V	Volumen	m^3
h	Höhe	m
d	Kugel-durchmesser	m
A_M	Mantelfläche	m^2
A_O	Oberfläche	m^2
d_1	Kugelabschnitts-durchmesser	m
A	Grundfläche	m^2

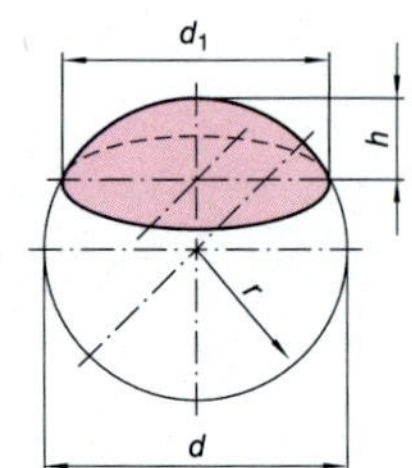

Kugelzone, Kugelschicht

$$V = \frac{\pi}{24} \cdot h \cdot (3 \cdot d_1^2 + 3 \cdot d_2^2 + 4 \cdot h^2)$$

$$d_1 = \sqrt{\frac{8 \cdot V}{\pi \cdot h} - d_2^2 - \frac{4}{3} \cdot h^2}$$

$$d_2 = \sqrt{\frac{8 \cdot V}{\pi \cdot h} - d_1^2 - \frac{4}{3} \cdot h^2}$$

$$A_M = \pi \cdot d \cdot h$$

$$d = \frac{A_M}{\pi \cdot h} \qquad h = \frac{A_M}{\pi \cdot d}$$

$$A_O = \frac{\pi}{4} \cdot (4 \cdot d \cdot h + d_1^2 + d_2^2)$$

$$d = \left(\frac{4 \cdot A_O}{\pi} - d_1^2 - d_2^2\right) \cdot \frac{1}{4 \cdot h}$$

$$d_1 = \sqrt{\frac{4 \cdot A_O}{\pi} - 4 \cdot d \cdot h - d_2^2}$$

$$d_2 = \sqrt{\frac{4 \cdot A_O}{\pi} - 4 \cdot d \cdot h - d_1^2}$$

$$h = \left(\frac{A_O}{\pi} - \frac{d_1^2}{4} - \frac{d_2^2}{4}\right) \cdot \frac{1}{d}$$

V	Volumen	m^3
d	Kugel-durchmesser	m
d_1	großer Durchmesser	m
d_2	kleiner Durchmesser	m
h	Höhe	m
A_M	Mantelfläche	m^2
A_O	Oberfläche	m^2

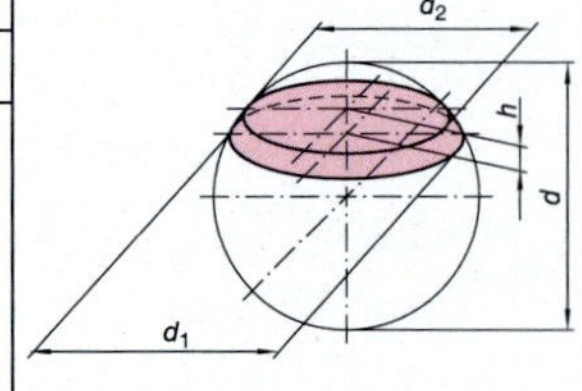

Volumen, Oberflächen

Kugelausschnitt

$$V = \frac{\pi}{6} \cdot d^2 \cdot h$$

$d = \sqrt{\frac{6 \cdot V}{\pi \cdot h}}$ $\qquad h = \frac{6 \cdot V}{\pi \cdot d^2}$

$$A_O = \frac{\pi}{4} \cdot d \cdot (4 \cdot h + d_1)$$

$d = \frac{4 \cdot A_O}{\pi \cdot (4 \cdot h + d_1)} = h + \frac{d_1^2}{4}$

$d_1 = \frac{4 \cdot A_O}{\pi \cdot d} - 4 \cdot h = 2 \cdot \sqrt{h \cdot (2r - h)}$

$h = \frac{d - \sqrt{d^2 - d_1^2}}{2} = r - \sqrt{r^2 - \frac{d_1^2}{4}}$

V	Volumen	m^3
d	Kugeldurchmesser	m
h	Höhe	m
A_O	Oberfläche	m^2
d_1	kleiner Durchmesser	m

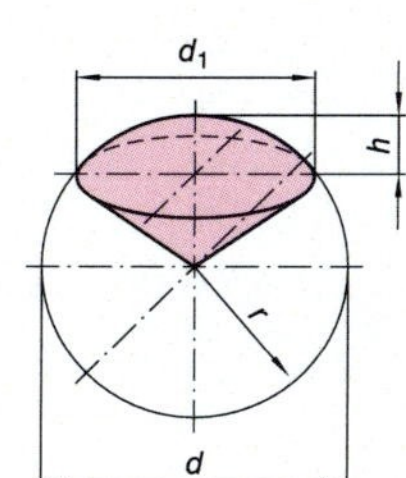

Guldinsche Regel, Mantelfläche

$A_M = l \cdot l_S$ $\qquad l_S = \pi \cdot d_S$

$$A_M = \frac{l}{2} \cdot \pi \cdot (D + d)$$

$d_S = \frac{D + d}{2}$

$l = \frac{2 \cdot A_M}{\pi \cdot (D + d)}$

$D = \frac{2 \cdot A_M}{\pi \cdot l} - d$ $\qquad d = \frac{2 \cdot A_M}{\pi \cdot l} - D$

A_M	Mantelfläche	m^2
l	Länge der erzeugenden Mantellinie	m
l_S	Länge des Schwerpunktweges	m
d_S	Durchmesser des Schwerpunktweges	m
d, D	Durchmesser	m
S	Linienschwerpunkt	

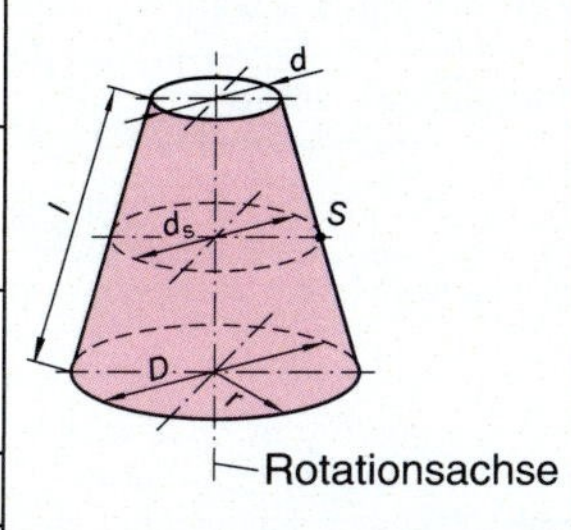

Guldinsche Regel, Oberfläche

$A_O = U_0 \cdot l_S$ $\qquad l_S = \pi \cdot d_S$

$d_S = \frac{D + d}{2}$ $\qquad U_0 = 2 \cdot h + (D - d)$

$A_O = \pi \cdot (2 \cdot h + D - d) \cdot \left(\frac{D + d}{2}\right)$

A_O	Oberfläche	m^2
U_0	Umfang der Rotationsfläche	m
l_S	Länge des Schwerpunktweges	m
d_S	Durchmesser des Schwerpunktweges	m
h	Höhe	m
S	Flächenschwerpunkt	

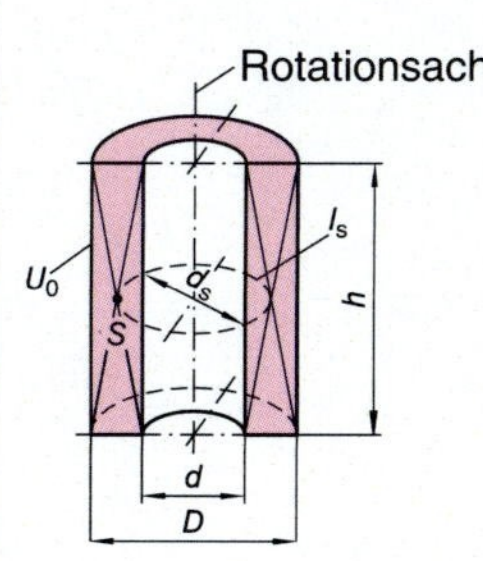

Volumen, Oberflächen

Guldinsche Regel, Volumen

$$V = A_O \cdot l_S \qquad l_S = \pi \cdot d_S$$

$$A_O = \frac{V}{l_S} = \frac{V}{\pi \cdot d_S}$$

$$d_S = \frac{V}{\pi \cdot A_O} \qquad d_S = \frac{D + d}{2}$$

$$A_O = \frac{D - d}{2} \cdot h$$

$$V = \frac{D - d}{2} \cdot h \cdot \frac{D + d}{2} \cdot \pi$$

$$V = \frac{h \cdot \pi}{4} \cdot (D^2 - d^2)$$

$$D = \sqrt{1{,}273 \cdot \frac{V}{h} + d^2}$$

$$d = \sqrt{D^2 - 1{,}273 \cdot \frac{V}{h}}$$

$$h = \frac{4 \cdot V}{\pi \cdot (D^2 - d^2)}$$

V	Volumen	m^3
A_O	Rotationsfläche	m^2
l_S	Länge des Schwerpunktweges	m
d_S	Durchmesser des Schwerpunktweges	m
d, D	Durchmesser	m
h	Höhe	m
S	Linienschwerpunkt	

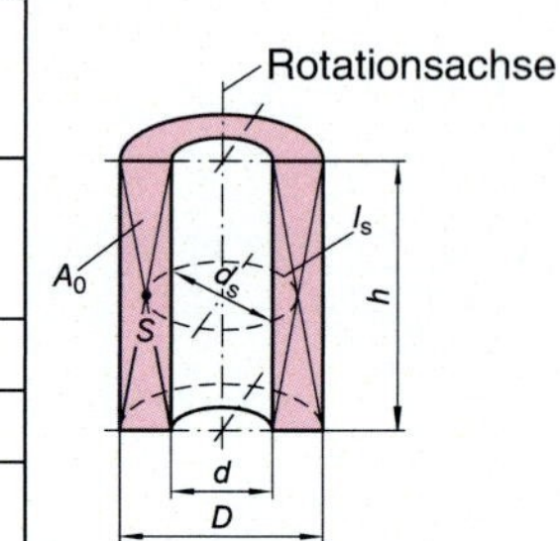

Kraft und Bewegung

Kraftpfeil, Vektor

$$F = l \cdot \text{KM}$$

$$l = \frac{F}{\text{KM}}$$

F	Kraft	N
l	Länge des Kraftpfeils	m
KM	Kräftemaßstab	$\frac{N}{mm^2}$

N: Newton

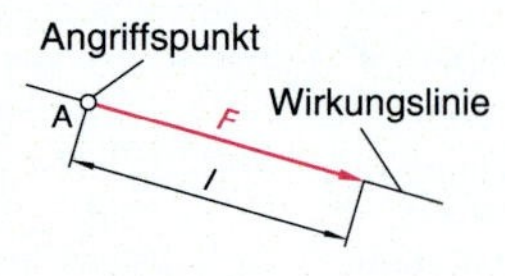

Resultierende Kraft

1) $F_R = F_1 + F_2 + F_3$
$F_1 = F_R - F_2 - F_3$
$F_2 = F_R - F_1 - F_3$
$F_3 = F_R - F_1 - F_2$

2) $F_R = F_1 - F_2 \qquad (F_1 > F_2)$
$F_1 = F_R + F_2$
$F_2 = F_1 - F_R$

F_R	resultierende Kraft	N
F_1, F_2, F_3	Teilkräfte	N

N: Newton

Addition bzw. Subtraktion müssen *geometrisch* durchgeführt werden.

1)

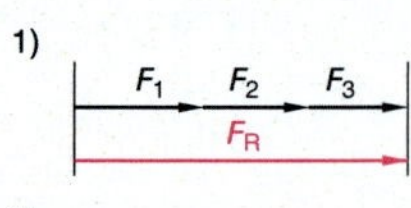

2)

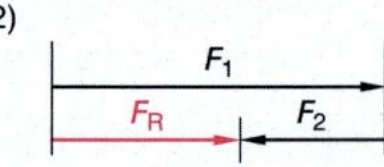

Kräfteparallelogramm

$$F_R = \sqrt{F_1^2 + F_2^2 - 2 \cdot F_1 \cdot F_2 \cdot \cos\alpha}$$

$$\alpha = \alpha_1 + \alpha_2$$

F_R	resultierende Kraft	N
F_1, F_2	Teilkräfte	N
α	Winkel zwischen F_1 und F_2	Grad

N: Newton

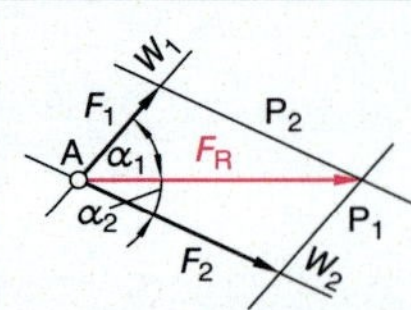

Kraft und Bewegung

Krafteck

$\vec{F}_R = \vec{F}_1 + \vec{F}_2 + \vec{F}_3$

F_R	resultierende Kraft	N
F_1, F_2, F_3	Teilkräfte	N

N: Newton

Es ist eine *geometrische* Addition notwendig.

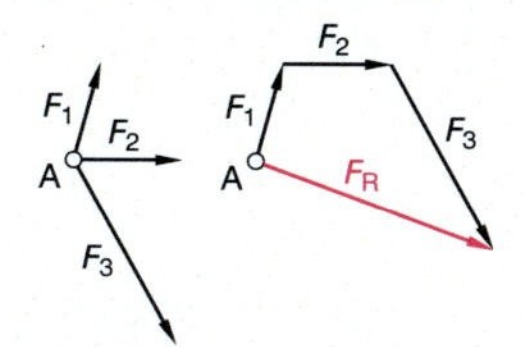

Gewichtskraft

$F_G = m \cdot g$

$m = \frac{F_G}{g}$

F_G	Gewichtskraft	N
m	Masse	kg
g	Fallbeschleunigung	$\frac{m}{s^2}$

N: Newton

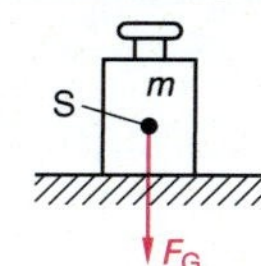

$g = 9{,}81\ \frac{m}{s^2}$

Beschleunigungskraft

$F = m \cdot a$

$m = \frac{F}{a}$ $\quad a = \frac{F}{m}$

F	Beschleunigungskraft	N
m	Masse	kg
a	Beschleunigung	$\frac{m}{s^2}$

N: Newton

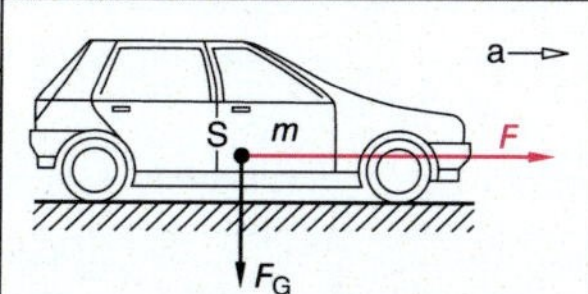

Federkraft

$F_G = F = s \cdot R$

$s = \frac{F}{R}$ $\quad R = \frac{F}{s}$

F_G	Gewichtskraft	N
F	Federkraft	N
s	Federweg	mm
R	Federrate	$\frac{N}{mm}$

N: Newton

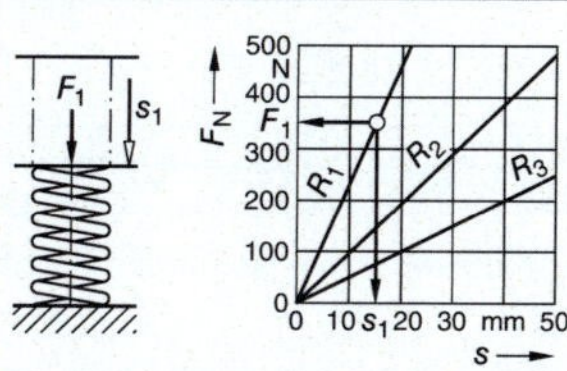

Fliehkraft

$F_Z = m \cdot r \cdot \omega^2$ $\quad \omega = \frac{v}{r}$

$m = \frac{F_Z}{r \cdot \omega^2}$ $\quad r = \frac{F_Z}{m \cdot \omega^2}$

$\omega = \sqrt{\frac{F_Z}{m \cdot r}}$

$F_Z = \frac{m \cdot v^2}{r}$

$m = \frac{F_Z \cdot r}{v^2}$ $\quad r = \frac{m \cdot v^2}{F_Z}$

$v = \sqrt{\frac{F_Z \cdot r}{m}}$

F_Z	Fliehkraft	N
m	Masse	kg
r	Radius	m
ω	Winkel-geschwindigkeit	$\frac{1}{s}$
v	Umfangs-geschwindigkeit	$\frac{m}{s}$

N: Newton

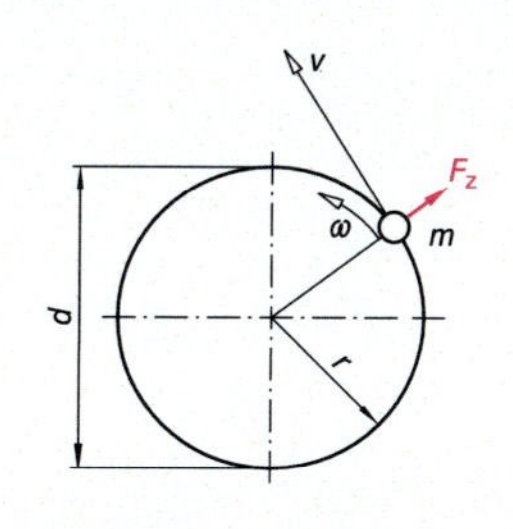

Kraft und Bewegung

Gleichförmige, geradlinige Bewegung

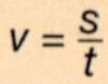

$$v = \frac{s}{t}$$

$s = v \cdot t$ $\qquad$ $t = \frac{s}{v}$

v	Geschwindigkeit	$\frac{m}{s}$
s	Weg	m
t	Zeit	s
Δs	Wegdifferenz	m
Δt	Zeitdifferenz	s

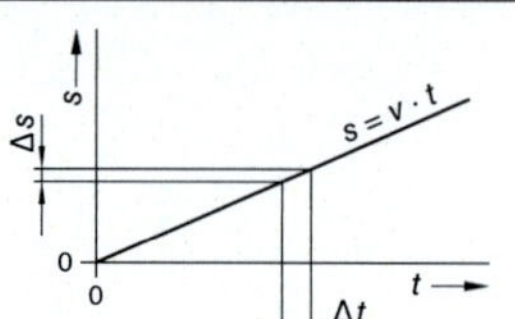

$1\,\frac{m}{s} = 60\,\frac{m}{min}$, $1\,\frac{km}{h} \approx 0{,}28\,\frac{m}{s}$

$1\,\frac{km}{h} \approx 16{,}7\,\frac{m}{min}$

Gleichförmig beschleunigte Bewegung

$$s = \frac{1}{2} \cdot a \cdot t^2$$

$a = \frac{2 \cdot s}{t^2}$ $\qquad$ $t = \sqrt{\frac{2 \cdot s}{a}}$

Fallweg:

$s = \frac{1}{2} \cdot g \cdot t^2$

s	Weg	m
a	Beschleunigung	$\frac{m}{s^2}$
g	Fallbeschleunigung	$\frac{m}{s^2}$
t	Zeit	s

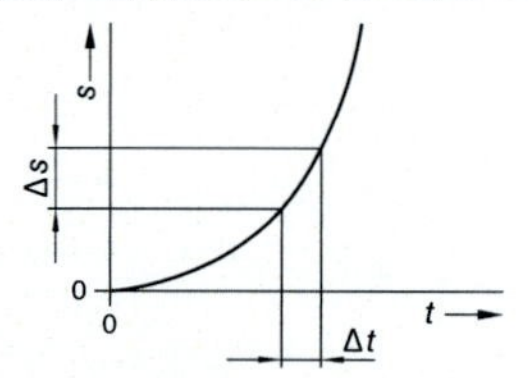

$g = 9{,}81\,\frac{m}{s^2}$

Beschleunigung

$$a = \frac{v}{t}$$

$t = \frac{v}{a}$ $\qquad$ $v = a \cdot t$

a	Beschleunigung	$\frac{m}{s^2}$
v	Geschwindigkeit	$\frac{m}{s}$
t	Zeit	s

Umfangsgeschwindigkeit

$$v = \pi \cdot d \cdot n$$

$n = \frac{v}{\pi \cdot d}$ $\qquad$ $d = \frac{v}{\pi \cdot n}$

v	Umfangs-geschwindigkeit	$\frac{m}{s}$
d	Durchmesser	m
n	Drehzahl	$\frac{1}{s}$

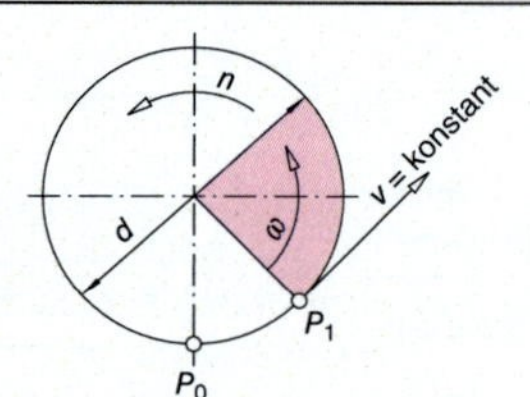

Winkelgeschwindigkeit

$$\omega = 2 \cdot \pi \cdot n$$

$n = \frac{\omega}{2 \cdot \pi}$

$v = \omega \cdot r$

$r = \frac{v}{\omega}$ $\qquad$ $\omega = \frac{v}{r}$

ω	Winkel-geschwindigkeit	$\frac{1}{s}$
n	Drehzahl	$\frac{1}{s}$
r	Radius	m

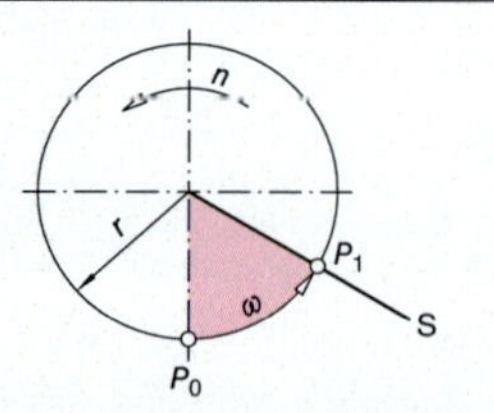

Kraft und Bewegung

Reibungskraft

$F_Z = F_R$ $F_Z = \mu \cdot F_N$

$\mu = \frac{F_Z}{F_N}$ $F_N = \frac{F_Z}{\mu}$

F_Z	Zugkraft	N
F_R	Reibungskraft	N
F_N	Normalkraft	N
F_G	Gewichtskraft	N
μ	Gleitreibungszahl, bei Haftreibung μ_0	
S	Massenschwerpunkt	

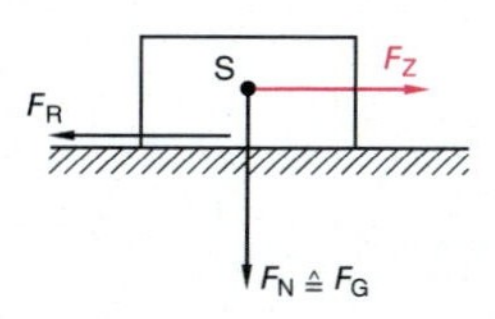

Rollreibung

$F_Z = F_R$ $F_Z \cdot r = F_N \cdot f$

$F_Z = F_N \cdot \frac{f}{r}$ $F_Z = \mu_r \cdot F_N$

$f = \frac{F_Z \cdot r}{F_N}$ $F_N = \frac{F_Z \cdot r}{f}$

$r = \frac{F_N \cdot f}{F_Z}$

F_Z	Zugkraft	N
F_R	Reibungskraft	N
F_N	Normalkraft	N
r	Wirkradius	mm
f	Rollreibungsbeiwert	mm
μ_r	Rollreibungszahl	

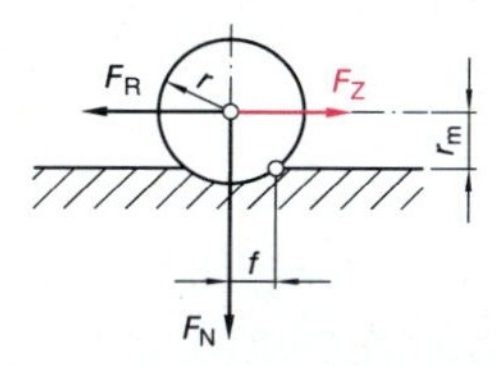

Einseitiger Hebel

$\Sigma M_L = \Sigma M_R$

$M = F \cdot l$

$F_1 \cdot l_1 = F_2 \cdot l_2$

$F_1 = \frac{F_2 \cdot l_2}{l_1}$ $F_2 = \frac{F_1 \cdot l_1}{l_2}$

$l_1 = \frac{F_2 \cdot l_2}{F_1}$ $l_2 = \frac{F_1 \cdot l_1}{F_2}$

M	Drehmoment	Nm
M_L	Drehmoment, linksdrehend	Nm
M_R	Drehmoment, rechtsdrehend	Nm
F	Kraft	N
l	Länge	m
l_1, l_2	Hebelarmlängen	m

Nm: Newtonmeter

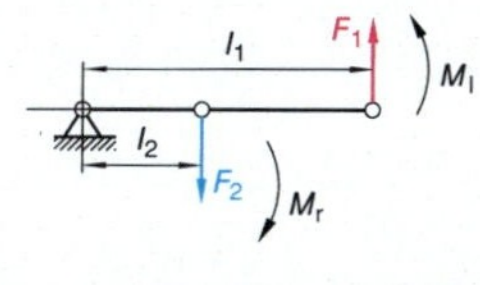

Zweiseitiger Hebel

$F_1 \cdot l_1 = F_2 \cdot l_2$

$F_1 = \frac{F_2 \cdot l_2}{l_1}$ $F_2 = \frac{F_1 \cdot l_1}{l_2}$

$l_1 = \frac{F_2 \cdot l_2}{F_1}$ $l_2 = \frac{F_1 \cdot l_1}{F_2}$

F_1, F_2	Kraft	N
l_1, l_2	Hebelarmlängen	m

N: Newton

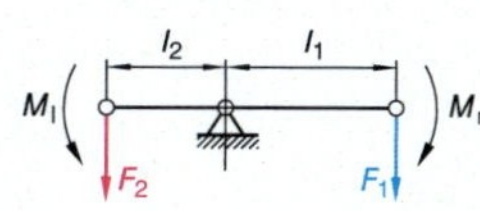

Winkelhebel

$F_1 \cdot l_1 = F_2 \cdot l_2$

$F_1 = \frac{F_2 \cdot l_2}{l_1}$ $F_2 = \frac{F_1 \cdot l_1}{l_2}$

$l_1 = \frac{F_2 \cdot l_2}{F_1}$ $l_2 = \frac{F_1 \cdot l_1}{F_2}$

F_1, F_2	Kraft	N
l_1, l_2	Hebelarmlängen	m
l_{01}, l_{02}	Längen der Hebelstangen	m

N: Newton

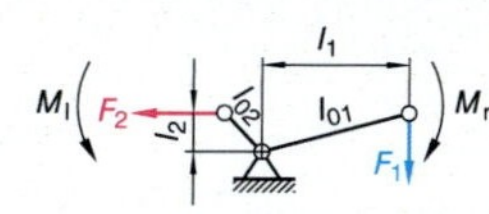

Bestimmung von l_1, l_2 mithilfe der Winkelfunktionen.

Kraft und Bewegung

Mehrfacher Hebel

$$\Sigma M_L = \Sigma M_R$$

$$F_1 \cdot l_1 + F_2 \cdot l_2 + F_4 \cdot l_4 = F_3 \cdot l_3$$

M	Drehmoment	Nm
M_L	Drehmoment, linksdrehend	Nm
M_R	Drehmoment, rechtsdrehend	Nm
F	Kraft	N
l	Hebelarmlänge	m

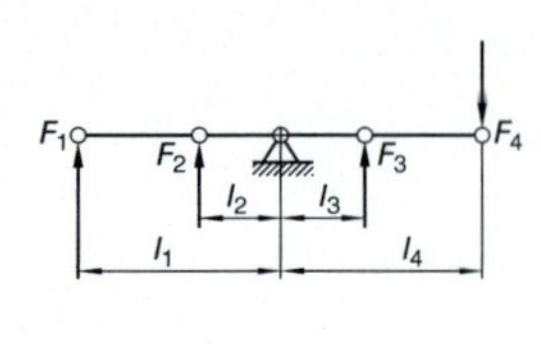

Auflagerkräfte

$$\Sigma M_L = \Sigma M_R$$

Drehpunkt Lager A:

$$F_B \cdot l = F_1 \cdot l_1 + F_2 \cdot l_2 + F_3 \cdot l_3$$

$$F_B = \frac{F_1 \cdot l_1 + F_2 \cdot l_2 + F_3 \cdot l_3}{l}$$

$$l = \frac{F_1 \cdot l_1 + F_2 \cdot l_2 + F_3 \cdot l_3}{F_B}$$

Drehpunkt Lager B:

$$F_A \cdot l = F_1 \cdot (l - l_1) + F_2 \cdot (l - l_2) + F_3 \cdot (l - l_3)$$

$$F_A = \frac{F_1 \cdot (l - l_1) + F_2 \cdot (l - l_2) + F_3 \cdot (l - l_3)}{l}$$

$$l = \frac{F_1 \cdot (l - l_1) + F_2 \cdot (l - l_2) + F_3 \cdot (l - l_3)}{F_A}$$

M_L	Drehmoment, linksdrehend	Nm
M_R	Drehmoment, rechtsdrehend	Nm
F	Kraft	N
l	Hebelarmlänge	m
F_A, F_B	Auflagekräfte	N

Nm: Newtonmeter

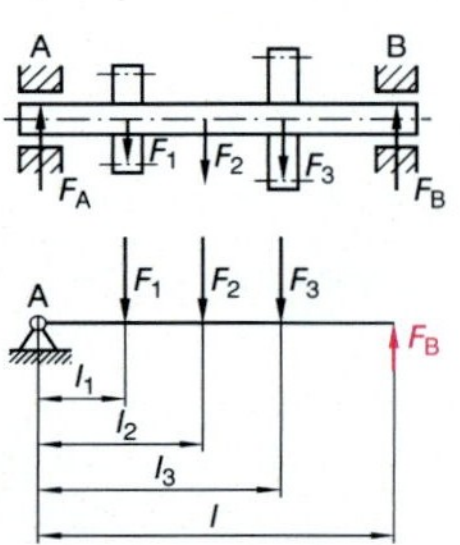

Rolle, Flaschenzug, Winde

Feste Rolle (*s* = *h*)

$$F_S = \frac{F_G}{\eta} = \frac{F_G \cdot h}{s \cdot \eta}$$

$$F_G = \frac{F_S \cdot s \cdot \eta}{h}$$

$$\eta = \frac{F_G \cdot h}{F_S \cdot s}$$

$$h = \frac{F_S \cdot s \cdot \eta}{F_G}$$

$$s = \frac{F_G \cdot h}{F_S \cdot \eta}$$

$$W = F_S \cdot s = \frac{F_G \cdot h}{\eta}$$

F_S	Seilkraft	N
F_G	Gewichtskraft	N
h	Hubweg	m
s	Seilweg	m
η	Wirkungsgrad	
W	Arbeit	Nm

N: Newton

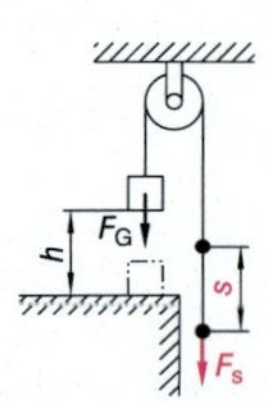

Rolle, Flaschenzug, Winde

Lose Rolle ($s = 2 \cdot h$)

$$F_S = \frac{F_G}{2 \cdot \eta}$$

$$F_G = F_S \cdot 2 \cdot \eta$$

$$F_S = \frac{F_G \cdot h}{s \cdot \eta} = \frac{F_G \cdot h}{2 \cdot h \cdot \eta} = \frac{F_G}{2 \cdot \eta}$$

$$W = F_S \cdot s = \frac{F_G \cdot h}{\eta}$$

F_S	Seilkraft	N
F_G	Gewichtskraft	N
h	Hubweg	m
s	Seilweg	m
η	Wirkungsgrad	
W	Arbeit	Nm

N: Newton

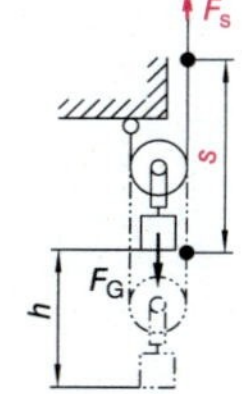

Rollenflaschenzug ($s = n \cdot h$)

$$F_S = \frac{F_G}{n \cdot \eta}$$

$$h = \frac{s}{n} \qquad s = n \cdot h$$

$$F_S = \frac{F_G \cdot h}{s \cdot \eta} \qquad n = \frac{F_G}{F_S \cdot \eta}$$

$$\eta = \frac{F_G}{F_S \cdot n}$$

$$F_G = F_S \cdot n \cdot \eta$$

$$W = F_S \cdot s = \frac{F_G \cdot h}{\eta}$$

F_S	Seilkraft	N
F_G	Gewichtskraft	N
h	Hubweg	m
s	Seilweg	m
n	Anzahl der Rollen	
η	Wirkungsgrad	
W	Arbeit	Nm

N: Newton

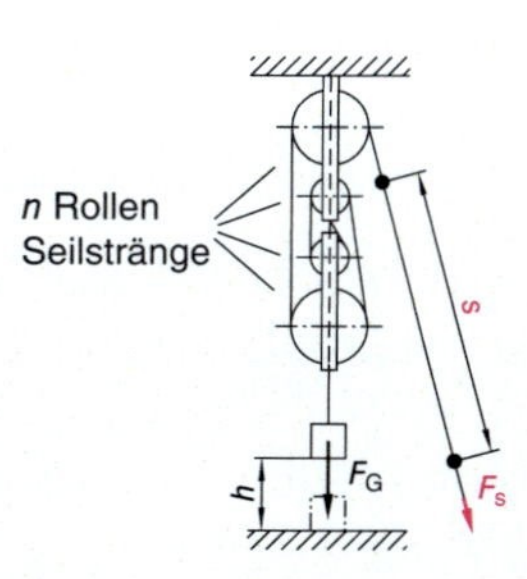

Differenzialflaschenzug

$$F_S = \frac{F_G \cdot h}{s \cdot \eta}$$

$$s = 2 \cdot h \cdot \frac{R}{R - r}$$

$$F_S = \frac{F_G}{2 \cdot \frac{R}{R - r} \cdot \eta}$$

$$F_G = F_S \cdot 2 \cdot \frac{R}{R - r} \cdot \eta$$

$$r = R - \frac{F_S \cdot 2 \cdot R \cdot \eta}{F_G}$$

$$\eta = \frac{F_G}{F_S \cdot 2 \cdot \frac{R}{R - r}}$$

$$W = F_S \cdot s = \frac{F_G \cdot h}{\eta}$$

F_S	Seilkraft	N
F_G	Gewichtskraft	N
h	Hubweg	m
s	Seilweg	m
η	Wirkungsgrad	
R	Außenradius	m
r	Innenradius	m
W	Arbeit	Nm

N: Newton

Wirkungsgrad η

Seilwinden	0,7
Räderwinden	0,85
Flaschenzüge	0,65

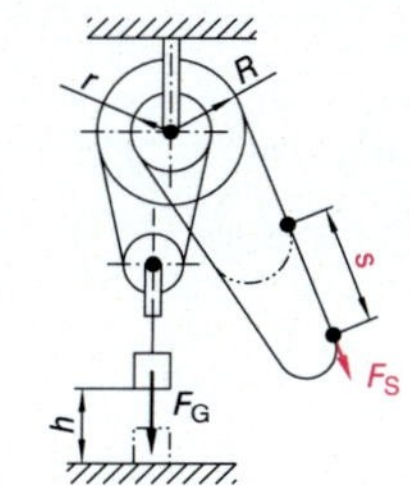

Rolle, Flaschenzug, Winde

Winde – Seilwinde

$$F_H \cdot l = F_G \cdot \frac{d}{2} \cdot \frac{1}{\eta}$$

$$F_H = \frac{F_G \cdot d}{2 \cdot l \cdot \eta}$$

$$F_H = \frac{F_G \cdot h}{2 \cdot l \cdot \pi \cdot n \cdot \eta}$$

$l = \frac{F_G \cdot d}{2 \cdot F_H \cdot \eta}$ $\quad h = \pi \cdot d \cdot n$

$d = \frac{h}{\pi \cdot n}$ $\quad d = \frac{F_H \cdot 2 \cdot l \cdot \eta}{F_G}$

$n = \frac{h}{\pi \cdot d}$

$W = F_H \cdot 2 \cdot l \cdot \pi \cdot n = \frac{F_G \cdot h}{\eta}$

F_H	Handkraft	N
F_G	Gewichtskraft	N
l	Kurbellänge	m
d	Trommeldurchmesser	m
η	Wirkungsgrad	
h	Hubweg	m
n	Anzahl der Kurbelumdrehungen	
W	Arbeit	Nm

N: Newton

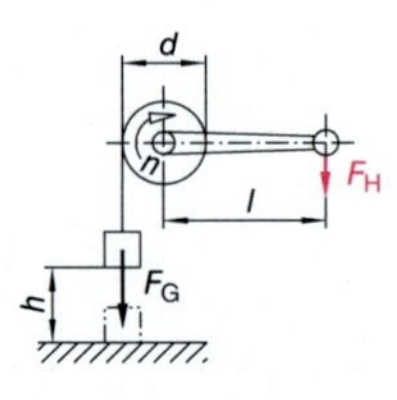

Räderwinde

$$F_H \cdot l \cdot i = F_G \cdot \frac{d}{2} \cdot \frac{1}{\eta}$$

$$F_H = \frac{F_G \cdot d}{2 \cdot l \cdot i \cdot \eta}$$

$i = \frac{z_2}{z_1} = \frac{r_2}{r_1}$

$F_H = \frac{F_G \cdot h}{2 \cdot l \cdot i \cdot \pi \cdot n \cdot \eta}$ $\quad i = \frac{F_G \cdot d}{F_H \cdot 2 \cdot l}$

$F_G = \frac{F_H \cdot 2 \cdot l \cdot i \cdot \eta}{d}$ $\quad d = \frac{h}{\pi \cdot n}$

$l = \frac{F_G \cdot d}{2 \cdot F_H \cdot i \cdot \eta}$ $\quad h = \pi \cdot d \cdot n$

$d = \frac{F_H \cdot 2 \cdot l \cdot i \cdot \eta}{F_G}$ $\quad n = \frac{h}{\pi \cdot d}$

$W = F_H \cdot 2 \cdot l \cdot i \cdot \pi \cdot n = \frac{F_G \cdot h}{\eta}$

F_H	Handkraft	N
F_G	Gewichtskraft	N
l	Kurbellänge	m
d	Durchmesser	m
η	Wirkungsgrad	
i	Übersetzungsverhältnis	m
z_1, z_2	Zähnezahlen	
r_1, r_2	Radien	m
n	Anzahl der Kurbelumdrehungen	
W	Arbeit	Nm
h	Hubweg	m

N: Newton

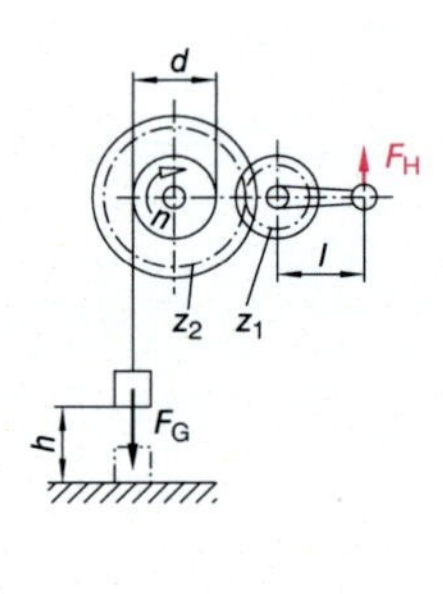

Arbeit, Leistung, Wirkungsgrad

Arbeit, Ebene

$$W = F_Z \cdot s$$

$F_Z = \frac{W}{s}$ $\quad s = \frac{W}{F_Z}$

$$F_Z = \mu \cdot F_G$$

$F_G = \frac{F_Z}{\mu}$ $\quad \mu = \frac{F_Z}{F_G}$

$W = \mu \cdot F_G \cdot s$ $\quad F_Z = F_R$

W	Arbeit	Nm
F_Z	Zugkraft	N
s	Weg	m
F_G	Gewichtskraft	N
F_R	Reibungskraft	N
μ	Gleitreibungszahl	

J: Joule, Ws: Wattsekunde, Nm: Newtonmeter

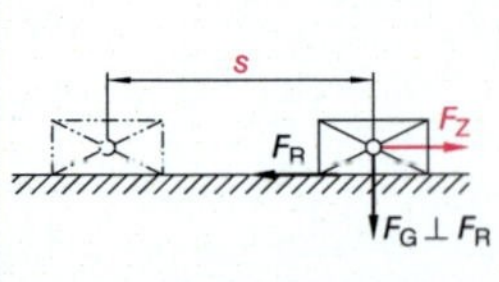

$1\ \text{J} = 1\ \text{Nm} = 1\ \text{Ws} = 1\ \frac{\text{kg} \cdot \text{m}^2}{\text{s}^2}$

Arbeit, Leistung, Wirkungsgrad

Arbeit, geneigte Ebene (ohne Reibung)

$W = F_Z \cdot s = F_G \cdot h$

$s = \frac{F_G \cdot h}{F_Z}$ $F_G = \frac{F_Z \cdot s}{h}$

$h = \frac{F_Z \cdot s}{F_G}$

$F_Z = \frac{W}{s}$ $s = \frac{W}{F_Z}$ $F_Z = \frac{F_G \cdot h}{s}$

$F_G = \frac{W}{h}$ $h = \frac{W}{F_G}$

$F_H = \frac{W}{s}$ $W = F_H \cdot s$

$F_H = F_G \cdot \sin\alpha$

$F_N = F_G \cdot \cos\alpha$

$W = F_G \cdot s \cdot \sin\alpha = F_G \cdot h$

W	Arbeit	Nm
F_Z	Zugkraft	N
s	Weg	m
F_G	Gewichtskraft	N
h	Höhe	m
α	Neigungswinkel	Grad
F_H	Hangabtriebskraft	N
F_N	Normalkraft	N

N: Newton

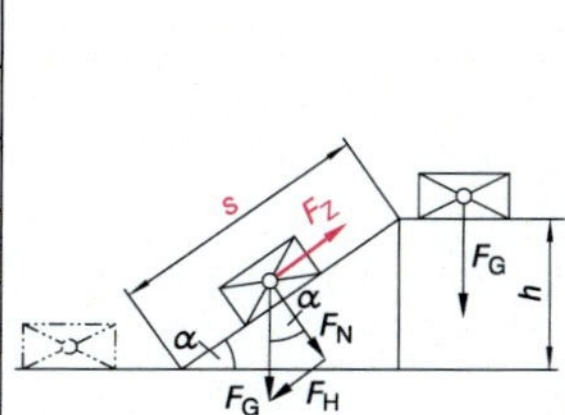

Arbeit, geneigte Ebene (mit Reibung)

$W = F_Z \cdot s = F_G \cdot h$
$W = (F_H + F_R) \cdot s$

$F_H = F_G \cdot \sin\alpha$

$F_R = F_G \cdot \mu \cdot \cos\alpha$

$W = F_G \cdot s \cdot (\sin\alpha + \mu \cdot \cos\alpha)$

W	Arbeit	Nm
F_Z	Zugkraft	N
s	Weg	m
F_G	Gewichtskraft	N
h	Höhe	m
α	Neigungswinkel	Grad
F_H	Hangabtriebskraft	N
F_R	Reibungskraft	N
μ	Gleitreibungszahl	
F_N	Normalkraft	N

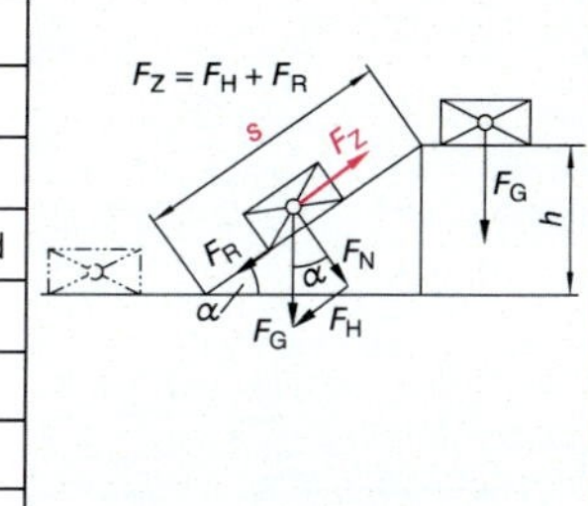

Stellkeil

$W = F \cdot s = F_G \cdot h$

$F = \frac{F_G \cdot h}{s}$ $s = \frac{F_G \cdot h}{F}$

$F_G = \frac{F \cdot s}{h}$ $h = \frac{F \cdot s}{F_G}$

$\tan\alpha = \frac{h}{s}$

$h = s \cdot \tan\alpha$

$s = \frac{h}{\tan\alpha}$

$s = \frac{W}{F}$ $F = \frac{W}{s}$

$F_G = \frac{W}{h}$ $h = \frac{W}{F_G}$

W	Arbeit	Nm
F	Treibkraft	N
s	Treibkraftweg	m
F_G	Gewichtskraft	N
F_L	Kraft zum Lösen des Keils	N
h	Hubweg	m
α	Keilwinkel	Grad
ϱ	Reibungswinkel	Grad
μ	Gleitreibungszahl	

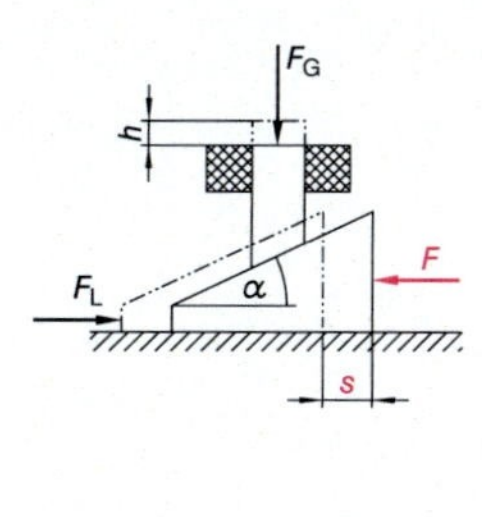

Fortsetzung nächste Seite

Arbeit, Leistung, Wirkungsgrad

Stellkeil

Fortsetzung

Ohne Reibung:

$$F = F_G \cdot \frac{h}{s}$$

Mit Reibung:

$$F = F_G \cdot \tan(\alpha + 2\varrho), \text{ treiben}$$

$$F_L = F_G \cdot \tan(\alpha - 2\varrho), \text{ lösen}$$

Selbsthemmung bei

$\alpha \geq 2 \cdot \varrho \qquad \tan \varrho = \mu$

W	Arbeit	Nm
F	Treibkraft	N
s	Treibkraftweg	m
F_G	Gewichtskraft	N
F_L	Kraft zum Lösen des Keils	N
h	Hubweg	m
α	Keilwinkel	Grad
ϱ	Reibungswinkel	Grad
μ	Gleitreibungszahl	

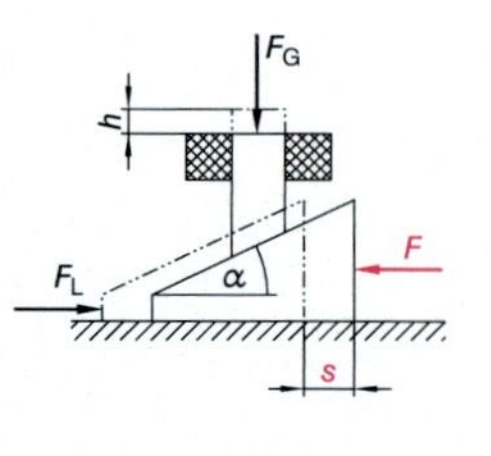

Schraube, Bolzen

Arbeit:

$$W = F_U \cdot d \cdot \pi = \frac{F_G \cdot P}{\eta}$$

Umfangskraft:

$$F_U = \frac{W}{d \cdot \pi} = \frac{F_G \cdot P}{d \cdot \pi \cdot \eta}$$

$$d = \frac{W}{F_U \cdot \pi}$$

$$P = \frac{F_U \cdot d \cdot \pi \cdot \eta}{F_G}$$

Gewichtskraft:

$$F_G = \frac{W \cdot \eta}{P} = \frac{F_H \cdot 2 \cdot l \cdot \pi \cdot \eta}{P}$$

$$F_G = \frac{F_U \cdot d \cdot \pi \cdot \eta}{P}$$

$$\eta = \frac{F_G \cdot P}{W}$$

$$d = \frac{F_G \cdot P}{\eta \cdot F_U \cdot \pi} \qquad \eta = \frac{F_G \cdot P}{F_U \cdot \pi \cdot d}$$

Handkraft:

$$F_H = \frac{F_G \cdot P}{2 \cdot l \cdot \pi \cdot \eta}$$

$$P = \frac{F_H \cdot 2 \cdot l \cdot \pi \cdot \eta}{F_G}$$

W	Arbeit	Nm
F_U	Umfangskraft	N
F_G	Gewichtskraft	N
F_H	Handkraft	N
d	Gewindedurchmesser	mm
P	Steigung	mm
l	Schlüssellänge	mm
η	Wirkungsgrad	

$$l = \frac{F_G \cdot P}{F_H \cdot 2 \cdot \pi \cdot \eta}$$

$$\eta = \frac{F_G \cdot P}{F_H \cdot 2 \cdot \pi \cdot l}$$

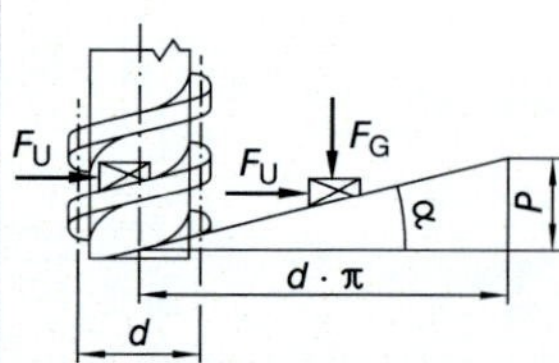

Selbsthemmung bei $\varrho < 6°$

Arbeit, Leistung, Wirkungsgrad

Energieerhaltungssatz

$W_{auf} = W_{ab}$

$F_S \cdot s = F_G \cdot h$

$F_S \cdot s = G \cdot h$

Mit Reibung:

$W_{auf} = \frac{W_{ab}}{\eta}$

W_{auf}	aufgewendete Arbeit	Nm
W_{ab}	abgegebene Arbeit	Nm
F_S	Seilkraft	N
F_G, G	Gewichtskraft	N
s	Seilweg	m
h	Hubweg	m
η	Wirkungsgrad	

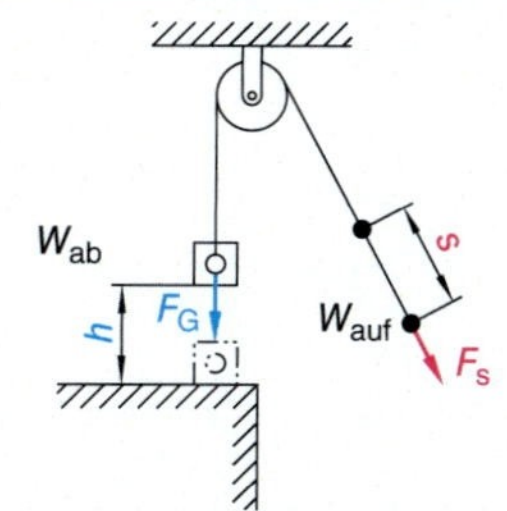

Ohne Berücksichtigung der Reibung gilt, dass der gesamte zugeführte Arbeitsaufwand vollständig in nutzbare Arbeit umgewandelt werden kann.

Potenzielle Energie

$W_{pot} = F_G \cdot h$ $F_G = m \cdot g$

$F_G = \frac{W_{pot}}{h}$ $h = \frac{W_{pot}}{F_G}$

W_{pot}	potenzielle Energie	Nm
F_G	Gewichtskraft	N
h	Fallhöhe, Hubhöhe	m
m	Masse	kg
g	Erdbeschleunigung	$\frac{m}{s^2}$

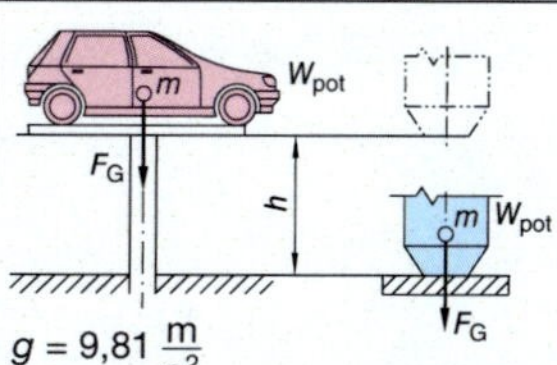

$g = 9{,}81\ \frac{m}{s^2}$

Spannenergie

$W_F = \frac{R \cdot s^2}{2}$ $R = \frac{F}{s}$

$s = \sqrt{\frac{W_F \cdot 2}{R}}$ $R = \frac{W_F \cdot 2}{s^2}$

$F = \frac{2 \cdot W_F}{s}$

W_F	Spannenergie	Nm
s	Federweg	mm
F	Federkraft	N
R	Federrate	$\frac{N}{mm}$

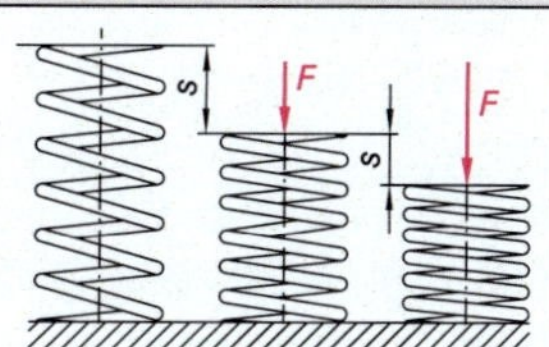

Kinetische Energie

$W_{kin} = \frac{m \cdot v^2}{2}$

$m = \frac{2 \cdot W_{kin}}{v^2}$ $v = \sqrt{\frac{2 \cdot W_{kin}}{m}}$

$m = \frac{F_G}{g}$

$W_{kin} = \frac{F_G \cdot v^2}{2 \cdot g}$

$F_G = \frac{W_{kin} \cdot 2 \cdot g}{v^2}$

$v = \sqrt{\frac{W_{kin} \cdot 2 \cdot g}{F_G}}$

W_{kin}	kinetische Energie	Nm
m	Masse	kg
v	Geschwindigkeit	$\frac{m}{s}$
F_G	Gewichtskraft	N
g	Fallbeschleunigung	$\frac{m}{s^2}$

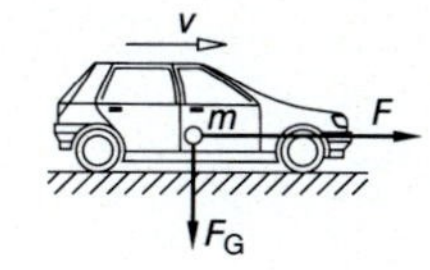

Arbeit, Leistung, Wirkungsgrad

Leistung

$$P = \frac{W}{t} = \frac{F \cdot s}{t} = F \cdot v$$

$W = P \cdot t$ $\qquad t = \frac{W}{P}$

$F = \frac{P}{v} = \frac{P \cdot t}{s}$ $\qquad v = \frac{P}{F}$

$s = \frac{P \cdot t}{F}$ $\qquad t = \frac{F \cdot s}{P}$

P	Leistung	W
W	Arbeit	Ws
F	Kraft	N
s	Weg	m
t	Zeit	s
v	Geschwindigkeit	$\frac{m}{s}$

W: Watt, N: Newton

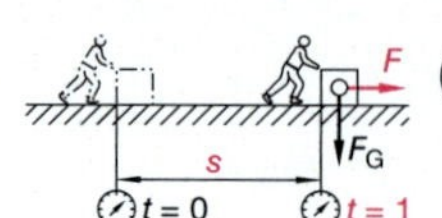

$1\ W = 1\ \frac{Nm}{s} = 1\ \frac{J}{s}$

Hubleistung

$$P = F_G \cdot v = F_G \cdot \frac{h}{t}$$

$F_G = \frac{P}{v}$ $\qquad v = \frac{P}{F_G}$

$$P = \frac{m \cdot g \cdot h}{t} = m \cdot g \cdot v$$

$m = \frac{P \cdot t}{g \cdot h}$ $\qquad h = \frac{P \cdot t}{m \cdot g}$

$t = \frac{m \cdot g \cdot h}{P}$ $\qquad v = \frac{P}{m \cdot g}$

$m = \frac{P}{g \cdot v}$

P	Leistung	W
F_G	Gewichtskraft	N
h	Hubweg	m
t	Zeit	s
v	Geschwindigkeit	$\frac{m}{s}$
m	Masse	kg
g	Fallbeschleunigung	$\frac{m}{s^2}$

W: Watt, N: Newton

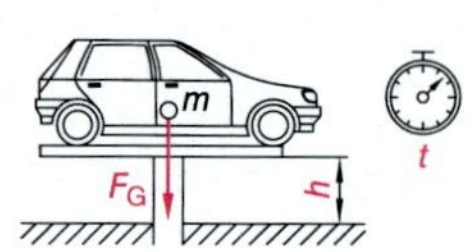

$g = 9{,}81\ \frac{m}{s^2}$

Zugleistung

$$P = F_Z \cdot v = F_Z \cdot \frac{s}{t}$$

$F_Z = \frac{P \cdot t}{s}$ $\qquad s = \frac{P \cdot t}{F_Z}$

$t = \frac{F_Z \cdot s}{P}$

P	Leistung	W
F_Z	Zugkraft	N
v	Geschwindigkeit	$\frac{m}{s}$
s	Weg	m
t	Zeit	s

W: Watt, N: Newton

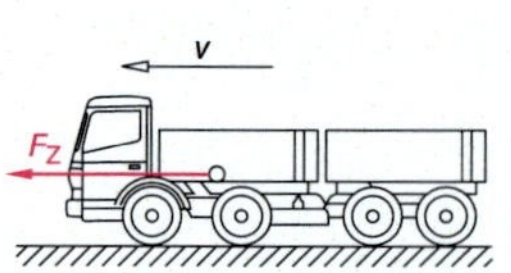

Getriebeleistung

$$P = F_R \cdot v$$

$F_R = \frac{P}{v}$ $\qquad v = \frac{P}{F_R}$

$$P = F_R \cdot d \cdot \pi \cdot n$$

$d = \frac{P}{F_R \cdot \pi \cdot n}$ $\qquad F_R = \frac{P}{d \cdot \pi \cdot n}$

$n = \frac{P}{F_R \cdot \pi \cdot d}$

P	Leistung	W
F_R	Riemenkraft	N
v	Geschwindigkeit	$\frac{m}{s}$
d	Durchmesser	m
r	Radius	m
n	Drehzahl	$\frac{1}{s}$

W: Watt, N: Newton

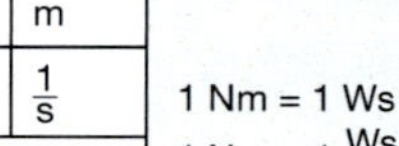

1 Nm = 1 Ws

$1\ N = 1\ \frac{Ws}{m}$

Fortsetzung nächste Seite

Arbeit, Leistung, Wirkungsgrad

Getriebeleistung

Fortsetzung

$$P = M \cdot \omega = M \cdot 2 \cdot \pi \cdot n$$

$M = \frac{P}{\omega} = \frac{P}{2 \cdot \pi \cdot n}$

$\omega = \frac{P}{M}$ $\qquad \omega = 2 \cdot \pi \cdot n$

$n = \frac{P}{2 \cdot \pi \cdot M}$

P	Leistung	W
F_R	Riemenkraft	N
v	Geschwindigkeit	$\frac{m}{s}$
d	Durchmesser	m
r	Radius	m
n	Drehzahl	$\frac{1}{s}$
M	Drehmoment	Nm
ω	Winkelgeschwindigkeit	$\frac{1}{s}$

W: Watt, N: Newton

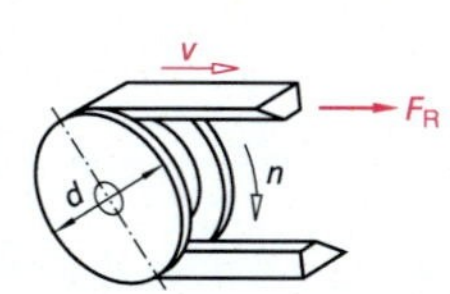

1 Nm = 1 Ws

1 N = 1 $\frac{Ws}{m}$

Pumpenleistung

$$P = \dot{m} \cdot g \cdot h$$

$\dot{m} = \frac{P}{g \cdot h}$ $\qquad h = \frac{P}{\dot{m} \cdot g}$

$$P = \dot{V} \cdot \varrho \cdot g \cdot h$$

$\dot{V} = \frac{P}{\varrho \cdot g \cdot h}$

$h = \frac{P}{\dot{V} \cdot \varrho \cdot g}$ $\qquad \varrho = \frac{P}{\dot{V} \cdot g \cdot h}$

$P = \frac{V}{t} \cdot (p_2 - p_1) = \frac{V \cdot \Delta p}{t}$

$V = \frac{P \cdot t}{\Delta p}$

$\Delta p = \frac{P \cdot t}{V}$ $\qquad t = \frac{V \cdot \Delta p}{P}$

P	Pumpenleistung	W
$\dot{m}$	Massenstrom	$\frac{kg}{s}$
$\dot{V}$	Volumenstrom	$\frac{dm^3}{s}$
g	Fallbeschleunigung	$\frac{m}{s^2}$
h	Förderhöhe	m
ϱ	Dichte	$\frac{kg}{dm^3}$
V	Fördervolumen	m^3
t	Zeit	s
p_1, p_2	Pumpendruck	$\frac{N}{m^2}$

W: Watt, N: Newton

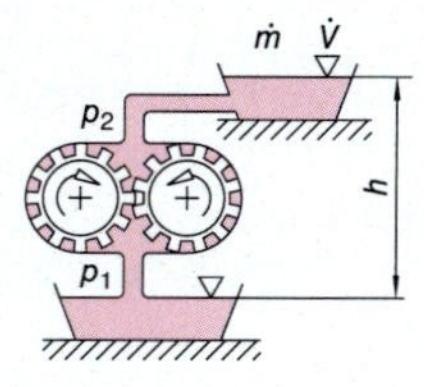

$g = 9{,}81\ \frac{m}{s^2}$

Schnittleistung

$$P_C = F_C \cdot v_C$$
$$F_C = A \cdot k_C$$
$$P_C = A \cdot k_C \cdot v_C = f \cdot a_p \cdot k_C \cdot v_C$$

$f = \frac{P_C}{a_p \cdot k_C \cdot v_C}$

$a_p = \frac{P_C}{f \cdot k_C \cdot v_C}$

$k_C = \frac{P_C}{f \cdot a_p \cdot v_C}$

$v_C = \frac{P_C}{f \cdot a_p \cdot k_C}$

P_C	Schnittleistung	W
F_C	Schnittkraft	N
v_C	Schnittgeschwindigkeit	$\frac{m}{s}$
A	Spanungsquerschnitt	mm^2
a_p	Schnitttiefe	mm
f	Vorschub	mm
k_C	spezifische Schnittkraft	$\frac{N}{mm^2}$

W: Watt, N: Newton

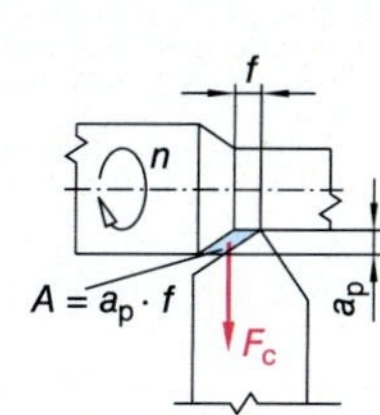

Arbeit, Leistung, Wirkungsgrad

Einzelwirkungsgrad

$$\eta = \frac{W_{ab}}{W_{zu}} < 1 \qquad \eta = \frac{P_{ab}}{P_{zu}} < 1$$

$$W_{ab} = \eta \cdot W_{zu} \qquad W_{zu} = \frac{W_{ab}}{\eta}$$

$$P_{ab} = \eta \cdot P_{zu} \qquad P_{zu} = \frac{P_{ab}}{\eta}$$

η	Wirkungsgrad	
W_{ab}	abgegebene Arbeit	Nm, Ws
W_{zu}	zugeführte Arbeit	Nm, Ws
P_{ab}	abgegebene Leistung	W
P_{zu}	zugeführte Leistung	W

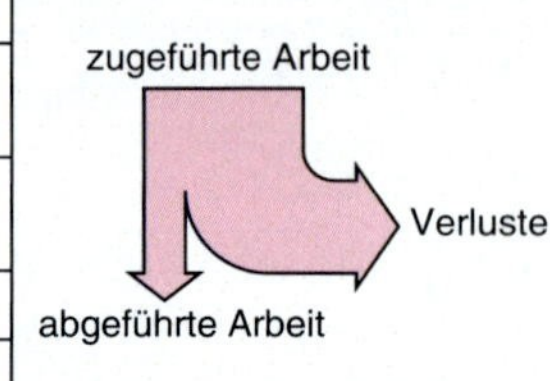

Gesamtwirkungsgrad

$$P_{M\,ab} = P_{G\,zu}$$

$$\eta_G = \frac{P_{G\,ab}}{P_{G\,zu}} \qquad \eta_M = \frac{P_{M\,ab}}{P_{M\,zu}}$$

$$\eta_{ges} = \frac{P_{G\,ab}}{P_{M\,zu}} \qquad \eta_{ges} = \eta_M \cdot \eta_G$$

η_{ges}	Gesamtwirkungsgrad	
η_M	Motorwirkungsgrad	
η_G	Gesamtwirkungsgrad	
$P_{M\,zu}$, $P_{G\,zu}$	zugeführte Leistung	W
$P_{M\,ab}$, $P_{G\,ab}$	abgeführte Leistung	W

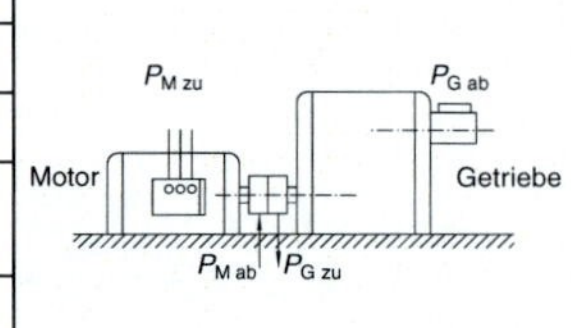

Antriebe

Einfacher Riementrieb

$$v = v_1 = v_2$$

$$d_1 \cdot n_1 = d_2 \cdot n_2$$

$$d_1 = \frac{d_2 \cdot n_2}{n_1} \qquad n_1 = \frac{d_2 \cdot n_2}{d_1}$$

$$d_2 = \frac{d_1 \cdot n_1}{n_2} \qquad n_2 = \frac{d_1 \cdot n_1}{d_2}$$

$$i = \frac{n_1}{n_2} = \frac{d_2}{d_1}$$

$$d_2 = i \cdot d_1 \qquad d_1 = \frac{d_2}{i}$$

v	Umfangs-geschwindigkeit	$\frac{m}{min}$
d_1, d_2	Durchmesser	m
n_1, n_2	Drehzahl	$\frac{1}{min}$
i	Übersetzungs-verhältnis	

Seite 31, 902

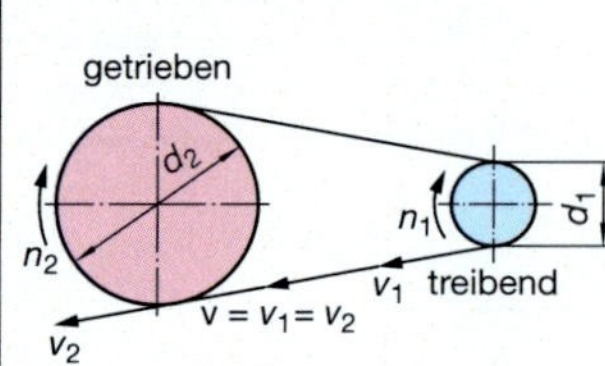

Mehrfacher Riementrieb

$$d_1 \cdot d_3 \cdot n_1 = d_2 \cdot d_4 \cdot n_4$$

$$n_1 = \frac{d_2 \cdot d_4}{d_1 \cdot d_3} \cdot n_4 \qquad n_4 = \frac{d_1 \cdot d_3}{d_2 \cdot d_4} \cdot n_1$$

$$d_1 = \frac{d_2 \cdot d_4}{d_3 \cdot n_1} \cdot n_4 \qquad d_2 = \frac{d_1 \cdot d_3}{d_4 \cdot n_4} \cdot n_1$$

$$d_3 = \frac{d_2 \cdot d_4}{d_1 \cdot n_1} \cdot n_4 \qquad d_4 = \frac{d_1 \cdot d_3}{d_2 \cdot n_4} \cdot n_1$$

$$i_1 = \frac{d_2}{d_1} = \frac{n_1}{n_2} \qquad i_2 = \frac{d_4}{d_3} = \frac{n_3}{n_4}$$

$$i = i_1 \cdot i_2 = \frac{n_a}{n_e}$$

d	Durchmesser	m
n	Drehzahl	$\frac{1}{min}$
n_a	Anfangs-drehzahl	$\frac{1}{min}$
n_e	Enddrehzahl	$\frac{1}{min}$
i	Über-setzungs-verhältnis	

Seite 31

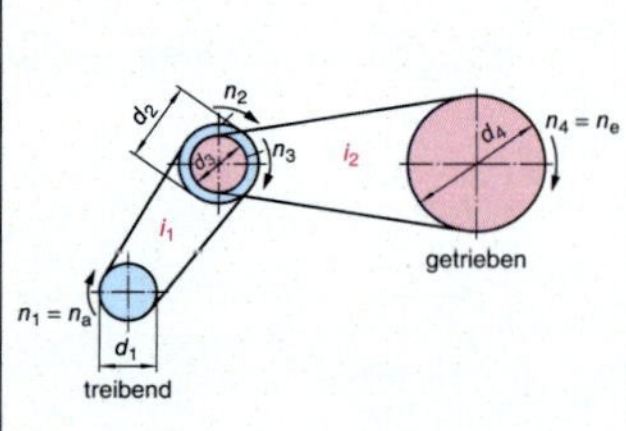

Antriebe

Einfacher Zahnradtrieb

$$\frac{n_1}{n_2} = \frac{z_2}{z_1}$$

$n_1 = n_2 \cdot \frac{z_2}{z_1}$ $n_2 = n_1 \cdot \frac{z_1}{z_2}$

$z_1 = z_2 \cdot \frac{n_2}{n_1}$ $z_2 = z_1 \cdot \frac{n_1}{n_2}$

$$i = \frac{n_1}{n_2} = \frac{z_2}{z_1}$$

$a = \frac{d_1 + d_2}{2} = \frac{m \cdot (z_1 + z_2)}{2}$

Innenverzahnung

$a = \frac{m \cdot (z_2 - z_1)}{2}$

d	Durchmesser	mm
z	Zähnezahl	
n	Drehzahl	$\frac{1}{\text{min}}$
a	Achsabstand	mm
i	Übersetzungsverhältnis	
m	Modul	mm

 Seite 32, 901

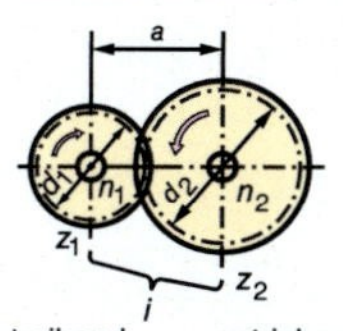

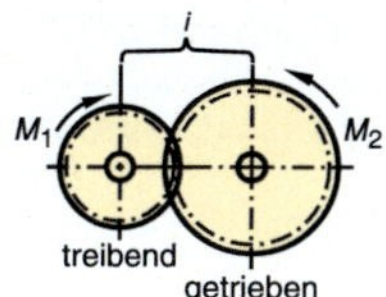

$M_1 = \frac{M_2}{\eta \cdot i}$

Zahnradtrieb, mehrfache Übersetzung

$$z_1 \cdot z_3 \cdot n_1 = z_2 \cdot z_4 \cdot n_4$$

$n_1 = \frac{z_2 \cdot z_4}{z_1 \cdot z_3} \cdot n_4$ $n_4 = \frac{z_1 \cdot z_3}{z_2 \cdot z_4} \cdot n_1$

$z_1 = \frac{z_2 \cdot z_4}{z_3 \cdot n_1} \cdot n_4$ $z_2 = \frac{z_1 \cdot z_3}{z_4 \cdot n_4} \cdot n_1$

$z_3 = \frac{z_2 \cdot z_4}{z_1 \cdot n_1} \cdot n_4$ $z_4 = \frac{z_1 \cdot z_3}{z_2 \cdot n_4} \cdot n_1$

$i_1 = \frac{z_2}{z_1} = \frac{n_1}{n_2}$

$i_2 = \frac{z_4}{z_3} = \frac{n_3}{n_4}$

$i = i_1 \cdot i_2 = \frac{n_a}{n_e}$

$n_a = i \cdot n_e n_e = \frac{n_a}{i}$

z	Zähnezahl	mm	n_a	Anfangsdrehzahl	$\frac{1}{\text{min}}$
n	Drehzahl	$\frac{1}{\text{min}}$	n_e	Enddrehzahl	$\frac{1}{\text{min}}$
i	Übersetzungsverhältnis	$\frac{1}{\text{min}}$	TB Seite 901		

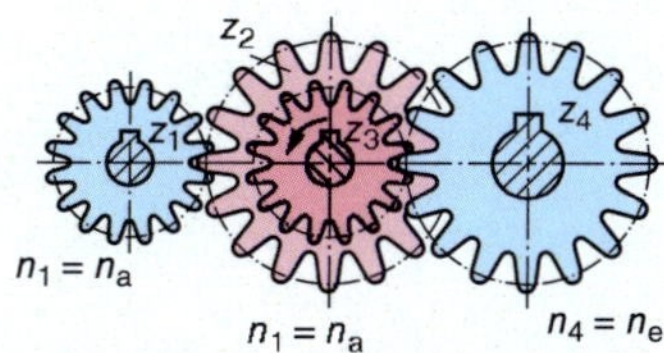

Schneckentrieb

$$\frac{n_1}{n_2} = \frac{z_2}{z_1} = i$$

$n_1 = n_2 \cdot \frac{z_2}{z_1}$ $n_2 = n_1 \cdot \frac{z_1}{z_2}$

$z_1 = z_2 \cdot \frac{n_2}{n_1}$ $z_2 = z_1 \cdot \frac{n_1}{n_2}$

z_1	Gangzahl Schnecke	
z_2	Zähnezahl Schneckenrad	
n_1	Drehzahl Schnecke	$\frac{1}{\text{min}}$
n_2	Drehzahl Schneckenrad	$\frac{1}{\text{min}}$
i	Übersetzungsverhältnis	

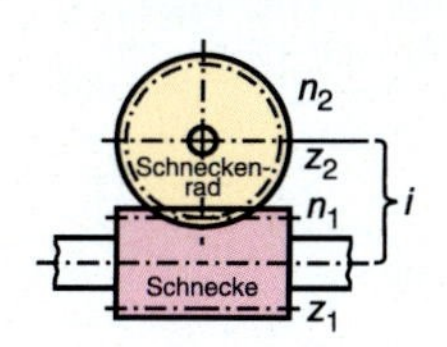

TB Seite 32, 906

Antriebe

Achsabstand, Außenverzahnung

$$a = \frac{m}{2} \cdot (z_1 + z_2)$$

$m = \frac{2 \cdot a}{z_1 + z_2}$ $\qquad z_1 = \frac{2 \cdot a}{m} - z_2$

$z_2 = \frac{2 \cdot a}{m} - z_1$

$d_1 = 2 \cdot a - d_2$

$d_2 = 2 \cdot a - d_1$

a	Achsabstand	mm
z_1, z_2	Zähnezahl	
d_1, d_2	Teilkreis-durchmesser	mm
m	Modul	mm

 Seite 901

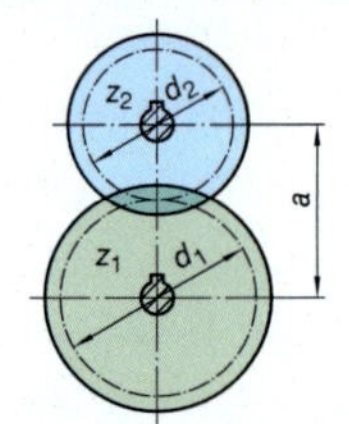

Achsabstand, Innenverzahnung

$$a = \frac{m}{2} \cdot (z_2 - z_1)$$

$m = \frac{2 \cdot a}{z_2 - z_1}$ $\qquad z_1 = z_2 - \frac{2 \cdot a}{m}$

$z_2 = z_1 + \frac{2 \cdot a}{m}$

$$a = \frac{d_2 - d_1}{2}$$

$d_1 = d_2 - 2 \cdot a$

$d_2 = d_1 + 2 \cdot a$

a	Achsabstand	mm
z_1, z_2	Zähnezahl	
d_1, d_2	Teilkreis-durchmesser	mm
m	Modul	mm

 Seite 901

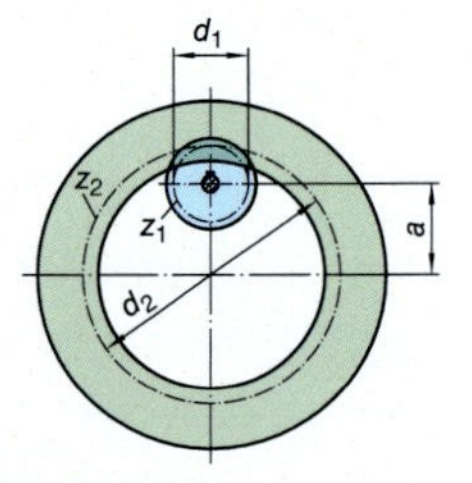

Fluidtechnik

Druck, Überdruck

$$p_e = p_{abs} - p_{amb}$$

$p_{abs} = p_e + p_{amb}$

$p_{amb} = p_{abs} - p_e$

$$p = \frac{F}{A}$$

$F = p \cdot A$ $\qquad A = \frac{F}{p}$

p_e	Überdruck	bar
p_{abs}	absoluter Druck	bar
p_{amb}	Luftdruck Atmosphäre	bar
p	Druck	bar
F	Kraft	N
A	Fläche	cm^2

Pa: Pascal, N: Newton

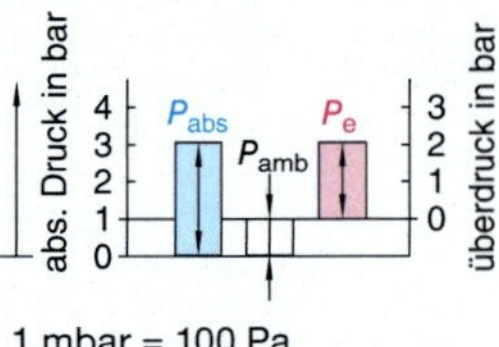

1 mbar = 100 Pa $= 0{,}01 \frac{N}{cm^2} = 100 \frac{N}{m^2}$

1 bar = 100000 Pa $= 10 \frac{N}{cm^2} = 100000 \frac{N}{m^2}$

Auftrieb

$$F_A = V \cdot \varrho \cdot g$$

$V = \frac{F_A}{\varrho \cdot g}$ $\qquad \varrho = \frac{F_A}{V \cdot g}$

$F_A = F_G$ Schweben

$F_A > F_G$ Schwimmen

$F_A < F_G$ Sinken

F_A	Auftriebskraft	N
F_G	Gewichtskraft	N
V	eingetauchtes Volumen	m^3
ϱ	Dichte der Flüssigkeit	$\frac{kg}{m^3}$
g	Fallbeschleunigung	$\frac{m}{s^2}$

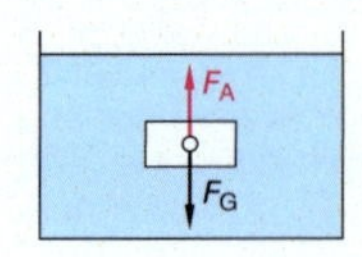

$g = 9{,}81 \frac{m}{s^2}$

Fluidtechnik

Hydrostatischer Druck

$$p = \frac{F_G}{A}$$

$F_G = p \cdot A$ $\quad$ $A = \frac{F_G}{p}$

$$p_x = h_x \cdot \varrho \cdot g$$

$h_x = \frac{p_x}{\varrho \cdot g}$ $\quad$ $\varrho = \frac{p_x}{h_x \cdot g}$

p	hydrostatischer Druck	Pa
p_x	hydrostatischer Druck in Höhe h_x	Pa
F_G	Gewichtskraft	N
A	Bodenfläche	m^2
h	Höhe der Flüssigkeitssäule	m
ϱ	Dichte der Flüssigkeit	$\frac{kg}{m^3}$
g	Fallbeschleunigung	$\frac{m}{s^2}$

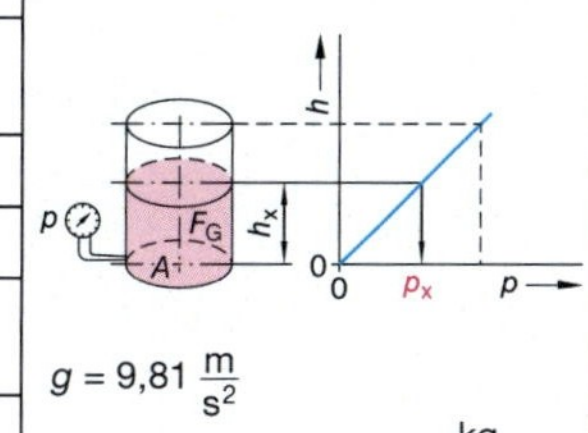

$g = 9{,}81 \frac{m}{s^2}$

$100\,000 \text{ Pa} = 100\,000 \frac{kg}{m \cdot s^2} = 1 \text{ bar}$

Seitendruckkraft

$$F = \varrho \cdot g \cdot h \cdot A$$

$\varrho = \frac{F}{g \cdot h \cdot A}$ $\quad$ $h = \frac{F}{\varrho \cdot g \cdot A}$

$A = \frac{F}{\varrho \cdot g \cdot h}$

p	hydrostatischer Druck	Pa
ϱ	Dichte der Flüssigkeit	$\frac{kg}{m^3}$
A	Fläche der Öffnung	m^2
h	Höhe der Flüssigkeit	m
F	Kraft	N

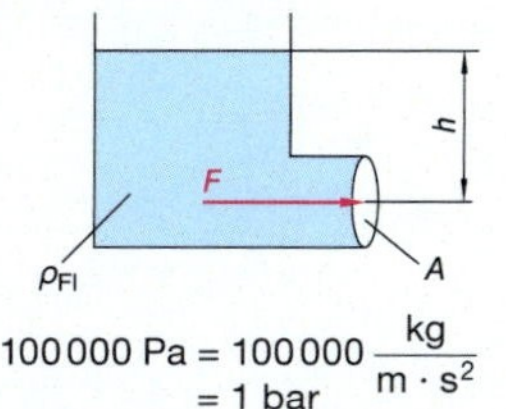

$100\,000 \text{ Pa} = 100\,000 \frac{kg}{m \cdot s^2} = 1 \text{ bar}$

Flüssigkeitspresse

$$F = \varrho \cdot g \cdot h \cdot A$$

$\varrho = \frac{F}{g \cdot h \cdot A}$ $\quad$ $h = \frac{F}{\varrho \cdot g \cdot A}$

$A = \frac{F}{\varrho \cdot g \cdot h}$

F	Kraft	N
ϱ	Dichte der Flüssigkeit	$\frac{kg}{m^3}$
h	Höhendifferenz	m
A	Fläche	m^2

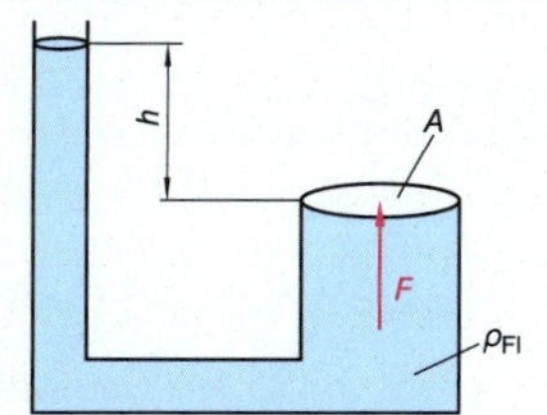

Allgemeine Gasgleichung

$$\frac{p_{abs\,1} \cdot V_1}{T_1} = \frac{p_{abs\,2} \cdot V_2}{T_2}$$

$$p_{abs\,1} = \frac{p_{abs\,2} \cdot V_2 \cdot T_1}{V_1 \cdot T_2}$$

$$p_{abs\,2} = \frac{p_{abs\,1} \cdot V_1 \cdot T_2}{T_1 \cdot V_2}$$

$$V_1 = \frac{p_{abs\,2} \cdot V_2 \cdot T_1}{p_{abs\,1} \cdot T_2}$$

$$V_2 = \frac{p_{abs\,1} \cdot V_1 \cdot T_2}{p_{abs\,2} \cdot T_1}$$

$p_{abs\,1}$	Gasdruck (absolut)	bar
$p_{abs\,2}$	Gasdruck, bezogen auf den Zustand 1 bzw. 2	bar
V	Volumen	m^3
V_1, V_2	Volumen im Zustand 1 bzw. 2	m^3
T	Temperatur	K
T_1, T_2	Temperatur im Zustand 1 bzw. 2	K
K: Kelvin		

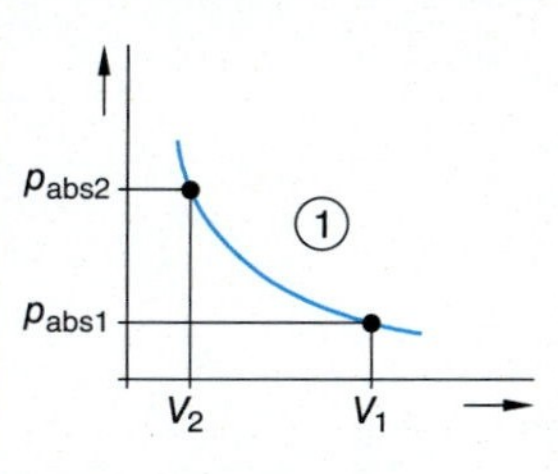

$1 \text{ bar} = 100\,000 \text{ Pa} = 10 \frac{N}{cm^2} = 100\,000 \frac{N}{m^2}$

Fortsetzung nächste Seite

Fluidtechnik

Allgemeine Gasgleichung

Fortsetzung

$$T_1 = \frac{p_{abs\,1} \cdot V_1 \cdot T_2}{p_{abs\,2} \cdot V_2}$$

$$T_2 = \frac{p_{abs\,2} \cdot V_2 \cdot T_1}{p_{abs\,1} \cdot V_1}$$

$p_{abs\,1}$	Gasdruck (absolut)	bar
$p_{abs\,2}$	Gasdruck, bezogen auf den Zustand 1 bzw. 2	bar
V	Volumen	m^3
V_1, V_2	Volumen im Zustand 1 bzw. 2	m^3
T	Temperatur	K
T_1, T_2	Temperatur im Zustand 1 bzw. 2	K

K: Kelvin

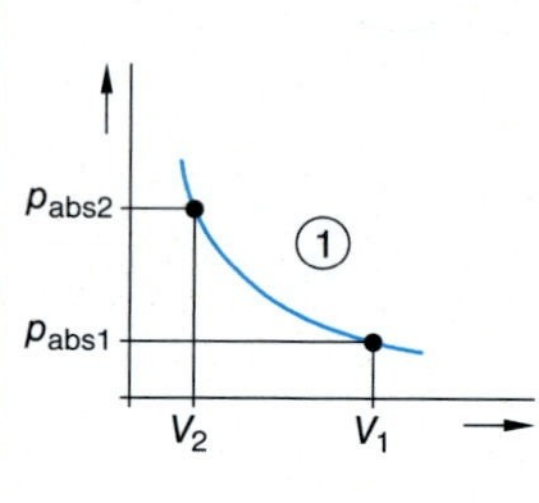

1 bar = 100000 Pa $= 10\ \frac{N}{cm^2} = 100000\ \frac{N}{m^2}$

Gesetz von Boyle-Mariotte (isothermischer Vorgang)

$T_1 = T_2$ (konstante Temperatur)

$$\frac{p_{abs\,2}}{p_{abs\,1}} = \frac{V_1}{V_2}$$

$$p_{abs\,1} = \frac{p_{abs\,2} \cdot V_2}{V_1}$$

$$p_{abs\,2} = \frac{p_{abs\,1} \cdot V_1}{V_2}$$

$$V_1 = \frac{p_{abs\,2} \cdot V_2}{p_{abs\,1}}$$

$$V_2 = \frac{p_{abs\,1} \cdot V_1}{p_{abs\,2}}$$

T	Temperatur	K
$p_{abs\,1}$	Gasdruck (absolut)	bar
$p_{abs\,2}$	Gasdruck, bezogen auf den Zustand 1 bzw. 2	bar
V_1, V_2	Volumen im Zustand 1 bzw. 2	m^3

1 bar = 100000 Pa $= 10\ \frac{N}{cm^2} = 100000\ \frac{N}{m^2}$

Gesetz von Boyle-Mariotte (isochorer Vorgang)

$V_1 = V_2$ (konstantes Volumen)

$$\frac{p_{abs\,2}}{p_{abs\,1}} = \frac{T_2}{T_1}$$

$$p_{abs\,1} = \frac{p_{abs\,2} \cdot T_1}{T_2}$$

$$p_{abs\,2} = \frac{p_{abs\,1} \cdot T_2}{T_1}$$

$$T_1 = \frac{p_{abs\,1} \cdot T_2}{p_{abs\,2}}$$

$$T_2 = \frac{p_{abs\,2} \cdot T_1}{p_{abs\,1}}$$

V	Volumen	m^3
$p_{abs\,1}$	Gasdruck (absolut)	bar
$p_{abs\,2}$	Gasdruck, bezogen auf den Zustand 1 bzw. 2	bar
T_1, T_2	Temperatur im Zustand 1 bzw. 2	K

K: Kelvin

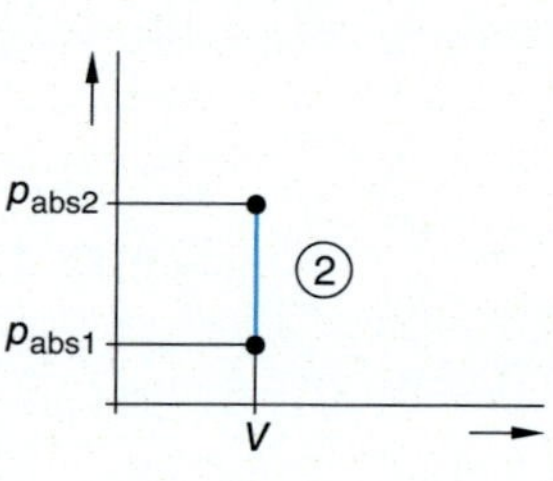

1 bar = 100000 Pa $= 10\ \frac{N}{cm^2} = 100000\ \frac{N}{m^2}$

Fluidtechnik

Gesetz von Gay-Lussac (isobarer Vorgang)

$p_{abs\,1} = p_{abs\,2}$ (konstanter Druck)

$$\frac{V_2}{V_1} = \frac{T_2}{T_1}$$

$$V_1 = \frac{V_2 \cdot T_1}{T_2} \qquad V_2 = \frac{V_1 \cdot T_2}{T_1}$$

$$T_1 = \frac{V_1 \cdot T_2}{V_2} \qquad T_2 = \frac{V_2 \cdot T_1}{V_1}$$

$p_{abs\,1}$	Gasdruck (absolut)	bar
$p_{abs\,2}$	Gasdruck	bar
V_1, V_2	Volumen im Zustand 1 bzw. 2	m^3
T_1, T_2	Temperatur im Zustand 1 bzw. 2	K

K: Kelvin

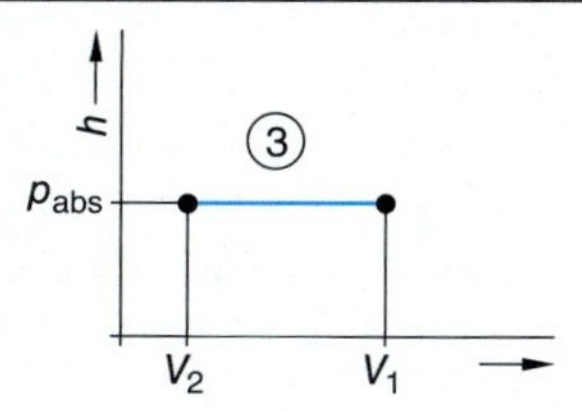

1 bar = 100000 Pa $= 10\,\frac{N}{cm^2} = 100000\,\frac{N}{m^2}$

Kolbenpressung

$$p = \frac{F}{A} = \frac{4 \cdot F}{d^2 \cdot \pi}$$

$$A = d^2 \cdot \frac{\pi}{4}$$

$$F = \frac{p \cdot d^2 \cdot \pi}{4} \qquad d = \sqrt{\frac{4 \cdot F}{p \cdot \pi}}$$

$$F = p \cdot A \cdot \eta$$

$$p = \frac{F}{A \cdot \eta} \qquad A = \frac{F}{p \cdot \eta} \qquad \eta = \frac{F}{p \cdot A}$$

p	Druck	$\frac{N}{cm^2}$
F	Kolbenkraft	N
A	Kolbenfläche	cm^2
d	Kolbendurchmesser	cm
η	Wirkungsgrad des Zylinders	

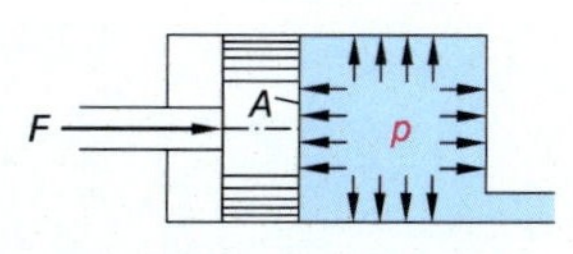

1 bar = 100000 Pa $= 10\,\frac{N}{cm^2} = 100000\,\frac{N}{m^2}$

Hydraulische Presse

$$\frac{F_1}{F_2} = \frac{A_1}{A_2} = \frac{d_1^2}{d_2^2}$$

$$F_1 = \frac{F_2 \cdot A_1}{A_2} \qquad F_2 = \frac{F_1 \cdot A_2}{A_1}$$

$$F_1 = \frac{F_2 \cdot d_1^2}{d_2^2} \qquad F_2 = \frac{F_1 \cdot d_2^2}{d_1^2}$$

$$A_1 = \frac{F_1 \cdot A_2}{F_2} \qquad A_2 = \frac{F_1 \cdot A_2}{F_2}$$

$$\frac{F_1}{F_2} = \frac{s_2}{s_1}$$

$$F_1 \cdot s_1 = F_2 \cdot s_2$$

$$F_1 = \frac{F_2 \cdot s_2}{s_1} \qquad F_2 = \frac{F_1 \cdot s_1}{s_2}$$

$$s_1 = \frac{F_2 \cdot s_2}{F_1} \qquad s_2 = \frac{F_1 \cdot s_1}{F_2}$$

$$i = \frac{F_1}{F_2} = \frac{s_2}{s_1} = \frac{A_1}{A_2}$$

F_1, F_2	Kolbenkräfte	N
A_1, A_2	Kolbenflächen	cm^2
d_1, d_2	Kolben-durchmesser	cm
s_1, s_2	Kolbenwege (Hub)	cm
i	Übersetzungs-verhältnis	

$$F_2 = \frac{F_1}{i} \qquad F_1 = i \cdot F_2$$

$$s_1 = \frac{s_2}{i}$$

$$s_2 = i \cdot s_1 \qquad A_2 = \frac{A_1}{i}$$

$$A_1 = i \cdot A_2$$

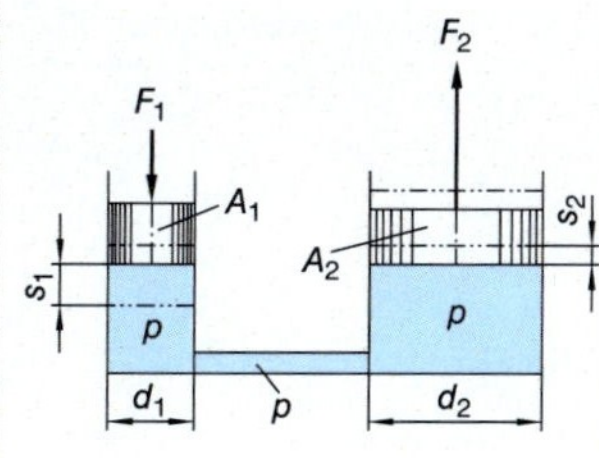

Fluidtechnik

Druckübersetzer

$$\frac{p_1}{p_2} = \frac{A_2}{A_1} \qquad p_1 \cdot A_1 = p_2 \cdot A_2$$

$p_1 = \frac{A_2 \cdot p_2}{A_1}$ $\qquad p_2 = \frac{A_1 \cdot p_1}{A_2}$

$A_1 = \frac{A_2 \cdot p_2}{p_1}$ $\qquad A_2 = \frac{A_1 \cdot p_1}{p_2}$

p_1, p_2	Druck	$\frac{\text{N}}{\text{cm}^2}$
A_1, A_2	Kolbenfläche	cm^2

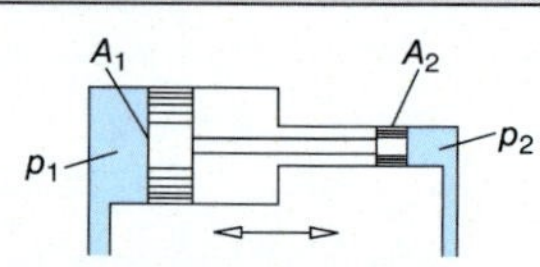

1 bar = 100 000 Pa
$= 10 \frac{\text{N}}{\text{cm}^2} = 100\,000 \frac{\text{N}}{\text{m}^2}$

Strömung in Rohren

$$v = \frac{\dot V}{A}$$

$\dot V = v \cdot A$ $\qquad A = \frac{\dot V}{v}$

$v_1 = \frac{\dot V_1}{A_1}$ $\qquad v_2 = \frac{\dot V_2}{A_2}$

$\dot V_1 = v_1 \cdot A_1$ $\qquad A_1 = \frac{\dot V_1}{v_1}$

$\frac{v_1}{v_2} = \frac{A_2}{A_1}$

Gase (kompressibel)

$$\dot m_1 = \dot m_2$$
$$A_1 \cdot v_1 \cdot \varrho_1 = A_2 \cdot v_2 \cdot \varrho_2$$

Kontinuitätsgleichung

$$v_1 \cdot A_1 = v_2 \cdot A_2$$

$A_1 = \frac{A_2 \cdot v_2}{v_1}$ $\qquad A_2 = \frac{A_1 \cdot v_1}{v_2}$

v	Strömungs-geschwindigkeit	$\frac{\text{cm}}{\text{s}}$
v_1, v_2	Strömungs-geschwindigkeit in den Quer-schnitten A_1, A_2	$\frac{\text{cm}}{\text{s}}$
$\dot V$	Volumenstrom	$\frac{\text{cm}^3}{\text{s}}$
$\dot V_1, \dot V_2$	Volumenstrom in den Quer-schnitten A_1, A_2	$\frac{\text{cm}^3}{\text{s}}$
A	Querschnitts-fläche	cm^2
A_1, A_2	Querschnitts-flächen	cm^3
s_1, s_2	Wege	cm

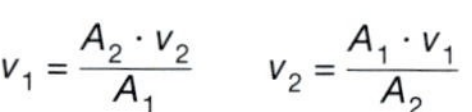

$v_1 = \frac{A_2 \cdot v_2}{A_1}$ $\qquad v_2 = \frac{A_1 \cdot v_1}{A_2}$

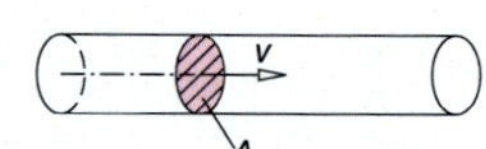

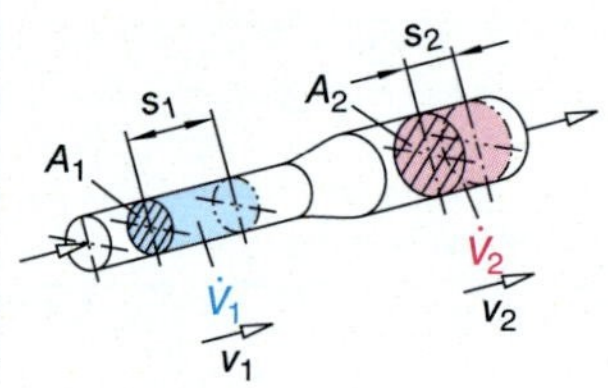

Kolbengeschwindigkeit

$v = \frac{s}{t} \qquad s = \frac{V}{A} \qquad v = \frac{V}{A \cdot t}$

$\dot V = \frac{V}{t} = \frac{A \cdot s}{t} \qquad v = \frac{\dot V}{A}$

$v_1 - \frac{\dot V}{A_1}$ $\qquad v_2 = \frac{\dot V}{A_2}$

$A_1 = \frac{\dot V}{v_1}$ $\qquad \dot V = v_1 \cdot A_1$

$\dot V = v_2 \cdot A_2$ $\qquad A_2 = \frac{\dot V}{v_2}$

$$v_1 \cdot A_1 = v_2 \cdot A_2 \qquad \dot V = \dot V_1 = \dot V_2$$

$A_1 > A_2 \rightarrow v_1 < v_2$

v	Kolben-geschwindigkeit	$\frac{\text{cm}}{\text{s}}$
v_1, v_2	Kolben-geschwindigkeit (Vorhub, Rückhub)	$\frac{\text{cm}}{\text{s}}$
V	Volumen	cm^3
$\dot V$	Volumenstrom	$\frac{\text{cm}^3}{\text{s}}$
A	Kolbenfläche	cm^2
t	Zeit	s
s	Weg	cm

Kolben einseitig beaufschlagt

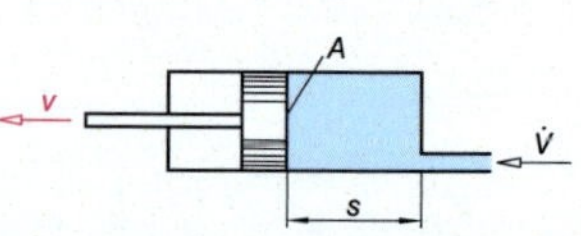

Kolben beidseitig beaufschlagt

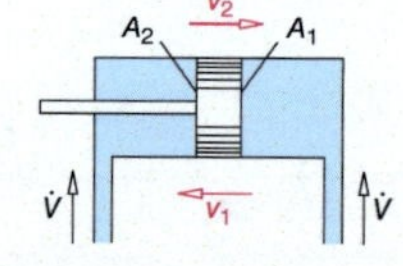

Fluidtechnik

Einfach wirkender Zylinder

$$Q = q \cdot s \cdot n$$

$$Q = A \cdot s \cdot n \cdot \frac{p_e + p_{amb}}{p_{amb}}$$

$$s = \frac{Q}{n \cdot q} \qquad n = \frac{Q}{s \cdot q} \qquad q = \frac{Q}{s \cdot n}$$

$$s = \frac{Q}{A \cdot n \cdot \frac{p_e + p_{amb}}{p_{amb}}}$$

$$n = \frac{Q}{s \cdot A \cdot \frac{p_e + p_{amb}}{p_{amb}}}$$

$$A = \frac{Q}{s \cdot n \cdot \frac{p_e + p_{amb}}{p_{amb}}}$$

Q	Luftverbrauch	$\frac{l}{min}$
q	spezifischer Luftverbrauch pro cm Kolbenweg	$\frac{l}{cm}$
A	Kolbenfläche	cm^2
s	Kolbenweg (Hub)	cm
n	Anzahl der Kolbenwege	$\frac{1}{min}$
p_{amb}	Luftdruck	bar
p_e	Arbeitsdruck	bar

 Seite 498, 791

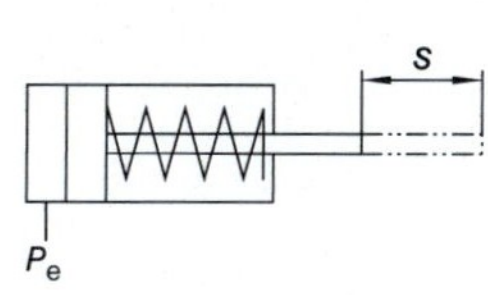

$$1 \text{ bar} = 100\,000 \text{ Pa} = 10 \frac{N}{cm^2} = 100\,000 \frac{N}{m^2}$$

Spezifischer Luftverbrauch

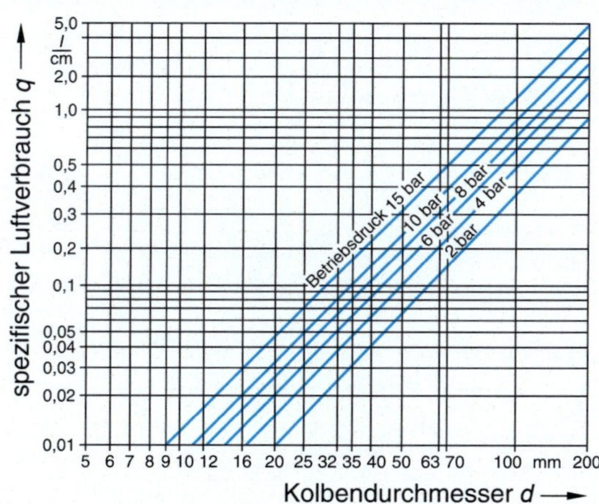

 Seite 790

Doppelt wirkender Zylinder

$$Q = 2 \cdot q \cdot s \cdot n$$

$$\approx 2 \cdot A \cdot s \cdot n \cdot \frac{p_e + p_{amb}}{p_{amb}}$$

$$s = \frac{Q}{2 \cdot n \cdot q} \qquad n = \frac{Q}{2 \cdot s \cdot q}$$

$$q = \frac{Q}{2 \cdot s \cdot n}$$

Q	Luftverbrauch	$\frac{l}{min}$
q	spezifischer Luftverbrauch pro cm Kolbenweg	$\frac{l}{cm}$
A	Kolbenfläche	cm^2
s	Kolbenweg (Hub)	cm
n	Anzahl der Kolbenwege	$\frac{1}{min}$
p_{amb}	Luftdruck	bar
p_e	Arbeitsdruck	bar

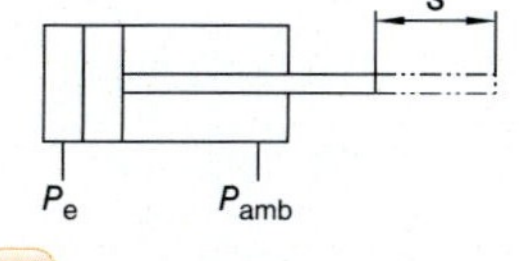

TB Seite 498, 791

Fortsetzung nächste Seite

Fluidtechnik

Doppelt wirkender Zylinder

Fortsetzung

$$s = \frac{Q}{2 \cdot n \cdot A \cdot \frac{p_e + p_{amb}}{p_{amb}}}$$

$$n = \frac{Q}{2 \cdot s \cdot A \cdot \frac{p_e + p_{amb}}{p_{amb}}}$$

$$A = \frac{Q}{2 \cdot s \cdot n \cdot \frac{p_e + p_{amb}}{p_{amb}}}$$

Q	Luftverbrauch	$\frac{l}{min}$
q	spezifischer Luftverbrauch pro cm Kolbenweg	$\frac{l}{cm}$
A	Kolbenfläche	cm^2
s	Kolbenweg (Hub)	cm
n	Anzahl der Kolbenwege	$\frac{1}{min}$
p_{amb}	Luftdruck	bar
p_e	Arbeitsdruck	bar

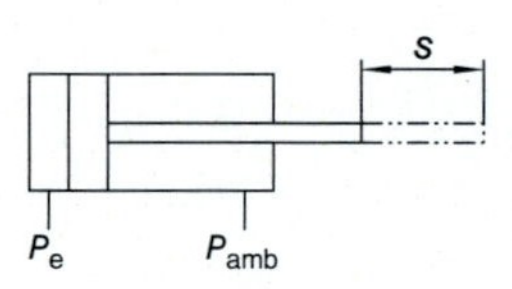

$1 \text{ bar} = 100\,000 \text{ Pa} = 10 \frac{N}{cm^2} = 100\,000 \frac{N}{m^2}$

Kolbenkräfte

Ausfahren der Zylinderstange

$$A_1 = \frac{d_1^2 \cdot \pi}{4}$$

$$d_1 = \sqrt{\frac{4 \cdot F_1}{\pi \cdot \eta \cdot p_e}}$$

$$F_1 = p_e \cdot A_1 \cdot \eta$$

Einfahren der Zylinderstange

$$A_2 = \frac{(d_1^2 - d_2^2) \cdot \pi}{4}$$

$$d_2 = \sqrt{d_1^2 - \frac{4 \cdot F_2}{p_e \cdot \pi \cdot \eta}}$$

$$F_2 = p_e \cdot A_2 \cdot \eta$$

p_e	Arbeitsdruck	bar
A_1, A_2	Kolbenflächen	cm^2
F_1	Kraft beim Ausfahren	N
F_2	Kraft beim Einfahren	N
d_1	Kolbendurchmesser	cm
d_2	Kolbenstangendurchmesser	cm
η	Wirkungsgrad	

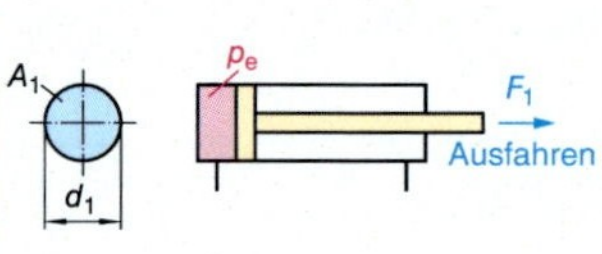

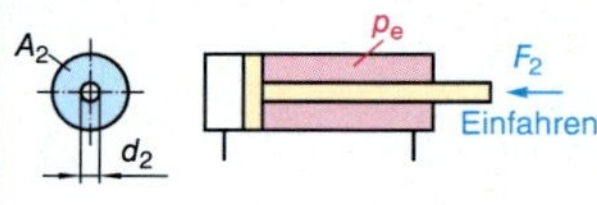

$1 \text{ bar} = 10 \frac{N}{cm^2} = 0{,}1 \frac{N}{mm^2}$

Hydraulische Leistung

$$P_{ab} = \dot{V} \cdot p \cdot \eta = v \cdot A \cdot p \cdot \eta$$

$$P_{ab} = F \cdot v \cdot \eta$$

$$F = \frac{P_{ab}}{v \cdot \eta} \qquad \dot{V} = \frac{P_{ab}}{p \cdot \eta}$$

$$v = \frac{P_{ab}}{F \cdot \eta} \qquad p = \frac{P_{ab}}{\dot{V} \cdot \eta}$$

$$P_{zu} = \frac{\dot{V} \cdot p}{\eta} = \frac{v \cdot A \cdot p}{\eta} = \frac{F \cdot v}{\eta}$$

$$F = \frac{P_{zu} \cdot \eta}{v} \qquad \dot{V} = \frac{P_{zu} \cdot \eta}{p}$$

$$v = \frac{P_{zu} \cdot \eta}{F} \qquad p = \frac{P_{zu} \cdot \eta}{\dot{V}}$$

P	Leistung	W
$\dot{V}$	Volumenstrom	$\frac{m^3}{s}$
p	Druck	$\frac{N}{m^2}$
F	Kraft	N
v	Kolbengeschwindigkeit	$\frac{m}{s}$
η	Wirkungsgrad	
A	Kolbenfläche	m^2

 Seite 500

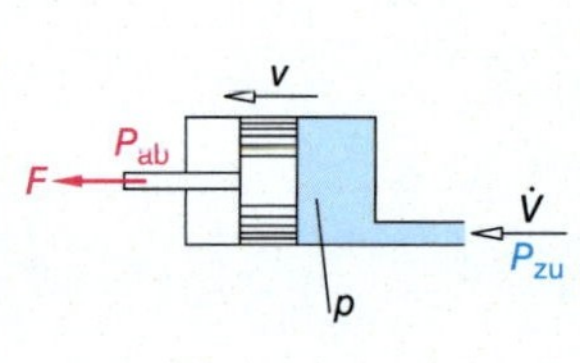

$1 \text{ bar} = 10 \frac{N}{cm^2} = 0{,}1 \frac{N}{mm^2}$

Wärme

Temperatur

$t = T - 273\,°C$

$T = t + 273\,°C$

$0\,K = -273\,°C$

t	Temperatur	°C
T	thermodynamische Temperatur	K
K: Kelvin		

0 K 273 K 373 K
-273 °C 0 °C 100 °C

Für die Temperatur wird auch das Formelzeichen ϑ verwendet.

Längenänderung

Erwärmung

$l = l_0 + \Delta l$

Abkühlung

$l = l_0 - \Delta l$

$\Delta l = l_0 \cdot \alpha_l \cdot \Delta t$

$\Delta t = t_2 - t_1$

$l_0 = \frac{\Delta l}{\alpha_l \cdot \Delta t}$ $\alpha_l = \frac{\Delta l}{l_0 \cdot \Delta t}$

$\Delta t = \frac{\Delta l}{l_0 \cdot \alpha_l}$

l	Länge nach Temperaturveränderung	mm
l_0	Ausgangslänge	mm
Δl	Längenänderung	mm
α_l	Längenausdehnungskoeffizient	$\frac{1}{K}$
t_1	Temperatur vor Erwärmung	°C
t_2	Temperatur nach Erwärmung	°C
Δt	Temperaturdifferenz	K

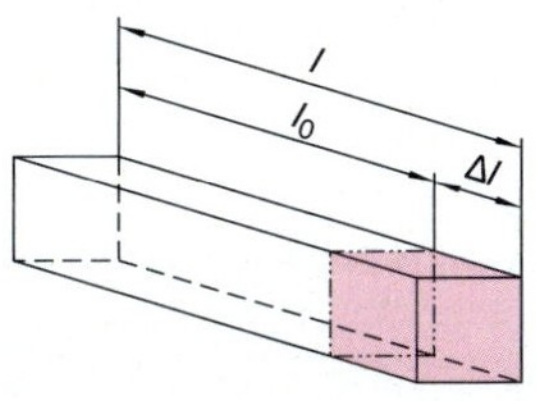

Temperaturdifferenz wird auch mit ΔT oder $\Delta\vartheta$ bezeichnet.

Volumenänderung

$\Delta V = V_0 \cdot \alpha_V \cdot (t_2 - t_1)$

$\Delta t = t_2 - t_1$

$\Delta V = V_0 \cdot \alpha_V \cdot \Delta t$

$V_0 = \frac{\Delta V}{\alpha_V \cdot \Delta t}$ $\alpha_V = \frac{\Delta V}{V_0 \cdot \Delta t}$

$\Delta t = \frac{\Delta V}{V_0 \cdot \alpha_V}$

ΔV	Volumenänderung	cm^3
V_0	Anfangsvolumen	cm^3
γ_V	Volumenausdehnungskoeffizient	$\frac{1}{K}$
t_1	Temperatur vor Erwärmung	°C
t_2	Temperatur nach Erwärmung	°C
Δt	Temperaturdifferenz	K

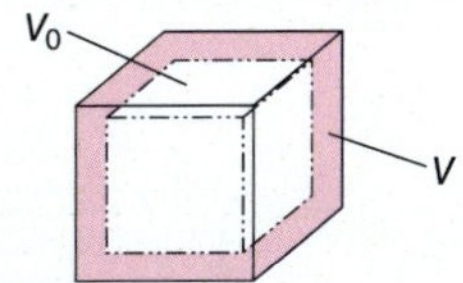

Feste Stoffe

$\gamma_V \approx 3 \cdot \alpha_L$

$1\,l = 1\,dm^3 = 1000\,cm^3 = 0{,}001\,m^3$

Temperaturdifferenz wird auch mit ΔT oder $\Delta\vartheta$ bezeichnet.

Wärmemenge

$Q = m \cdot c \cdot \Delta T$

$Q = m \cdot c \cdot (t_2 - t_1)$

$\Delta T = t_2 - t_1$

$m = \frac{Q}{c \cdot \Delta T}$ $c = \frac{Q}{m \cdot \Delta T}$

$\Delta T = \frac{Q}{c \cdot m}$

Q	Wärmemenge	kJ
m	Masse	kg
c	spezifische Wärmekapazität	$\frac{kJ}{kg \cdot K}$
t_1	Temperatur vor Erwärmung	°C
t_2	Temperatur nach Erwärmung	°C
ΔT	Temperaturdifferenz	K

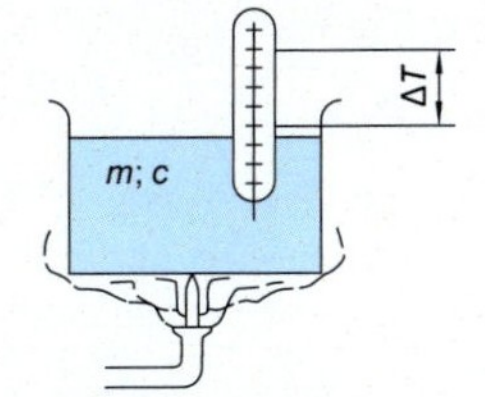

$1\,Nm = 1\,J = 1\,Ws$

$1\,kWh = 3{,}6 \cdot 10^6\,J = 3600\,kJ$

Temperaturdifferenz wird auch mit Δt oder $\Delta\vartheta$ bezeichnet.

Wärme

Schmelz- und Verdampfungswärme

Schmelzwärme

$$Q_s = q_s \cdot m$$

$m = \frac{Q_s}{q_s}$ $\quad q_s = \frac{Q_s}{m}$

Verdampfungswärme

$Q_v = q_v \cdot m$

$m = \frac{Q_v}{q_v}$ $\quad q_v = \frac{Q_v}{m}$

Q_s	Schmelzwärme	kJ
Q_v	Verdampfungswärme	kJ
q_s	spezifische Schmelzwärme	$\frac{kJ}{kg}$
q_v	spezifische Verdampfungswärme	$\frac{kJ}{kg}$
m	Masse	kg

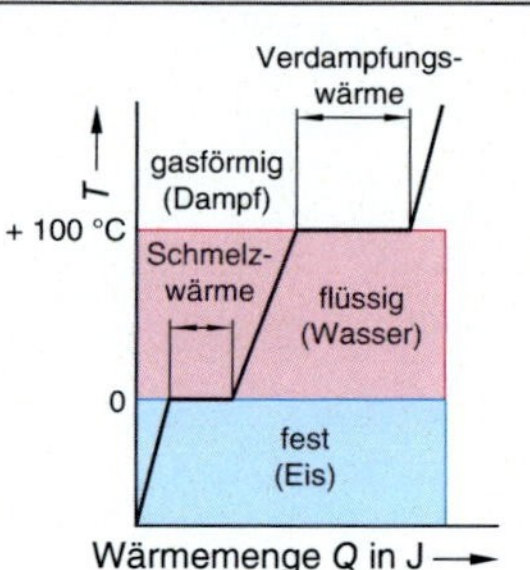

Verbrennungswärme

Feste und flüssige Stoffe

$$Q = m \cdot H_U$$

$m = \frac{Q}{H_U}$ $\quad H_U = \frac{Q}{m}$

Gasförmige Stoffe

$$Q = V \cdot H_U$$

$V = \frac{Q}{H_U}$ $\quad H_U = \frac{Q}{V}$

Q	Wärmemenge	kJ
m	Masse Brennstoff	kg, l
V	Volumen Brenngas	m^3
H_U	spezifischer Heizwert	$\frac{kJ}{kg}, \frac{kJ}{m^3}$

Mischungstemperatur

Gleiche Stoffe

$$T_m = \frac{m_1 \cdot T_1 + m_2 \cdot T_2}{m_1 + m_2}$$

$$T_1 = \frac{T_m \cdot (m_1 + m_2) - m_2 \cdot T_2}{m_1}$$

$$T_2 = \frac{T_m \cdot (m_1 + m_2) - m_1 \cdot T_1}{m_2}$$

Verschiedene Stoffe

$$Q_m = Q_1 + Q_2$$

$$T_m = \frac{c_1 \cdot m_1 \cdot T_1 + c_2 \cdot m_2 \cdot T_2}{c_1 \cdot m_1 + c_2 \cdot m_2}$$

$$T_1 = \frac{T_m \cdot (c_1 \cdot m_1 + c_2 \cdot m_2) - c_2 \cdot m_2 \cdot T_2}{c_1 \cdot m_1}$$

$$T_2 = \frac{T_m \cdot (c_1 \cdot m_1 + c_2 \cdot m_2) - c_1 \cdot m_1 \cdot T_1}{c_2 \cdot m_2}$$

Q_M	Wärmemengenmischung	kJ
Q_1	Wärmemenge des Stoffes	kJ
Q_2	Wärmemenge des zweiten Stoffes	kJ
T_m	Temperatur der Mischung	°C
c	spezifische Wärmekapazität	$\frac{kJ}{kg \cdot K}$
m	Masse	kg
T	Temperatur	°C

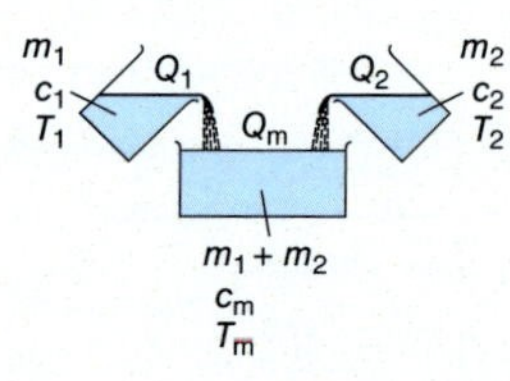

1 J = 1 Ws = 1 Nm

3600 J = 1 Wh

Gleichstromtechnik

Elektrische Ladung

$Q = n \cdot e$

$n = \frac{Q}{e}$

Q	Ladung	C, As
n	Anzahl der Ladungsträger	
e	Elementarladung	C, As

C: Coulomb
As: Amperesekunde
1 As = 1 C

Elektrische Stromstärke

$I = \frac{Q}{t}$

$Q = I \cdot t$ $\qquad$ $t = \frac{Q}{I}$

I	elektrische Stromstärke	A
Q	elektrische Ladung	C, As
t	Zeitdauer des Stromflusses	s

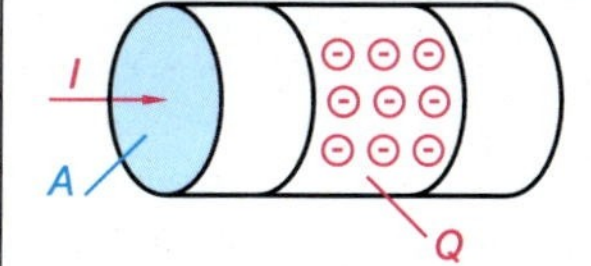

Stromdichte

$J = \frac{I}{A}$

$I = J \cdot A$ $\qquad$ $A = \frac{I}{J}$

J	Stromdichte	$\frac{\text{A}}{\text{mm}^2}$
I	Stromstärke	A
A	Querschnitt	mm^2

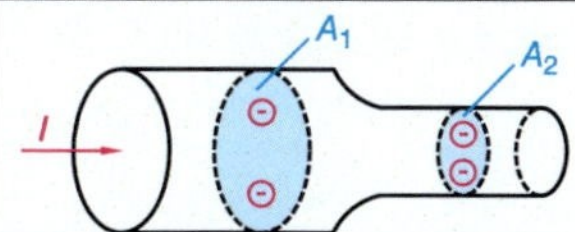

Elektrische Spannung

$U = \frac{W}{Q}$

$W = Q \cdot U$ $\qquad$ $Q = \frac{W}{U}$

U	elektrische Spannung	V
W	elektrische Arbeit	Ws
Q	elektrische Ladung	As, C

V: Volt, Ws: Wattsekunde,
As: Amperesekunde,
C: Coulomb

1 Ws = 1 Nm = 1 J
Nm: Newtonmeter
J: Joule

Elektrisches Potenzial

$U_{12} = \varphi_1 - \varphi_2$

Spannung = Potenzialdifferenz

Potenzial = Spannung zwischen einem Messpunkt und einem Bezugspunkt

U_{12}	Spannung zwischen den Punkten 1 und 2	V
φ_1	Potenzial am Punkt 1	V
φ_2	Potenzial am Punkt 2	V

V: Volt

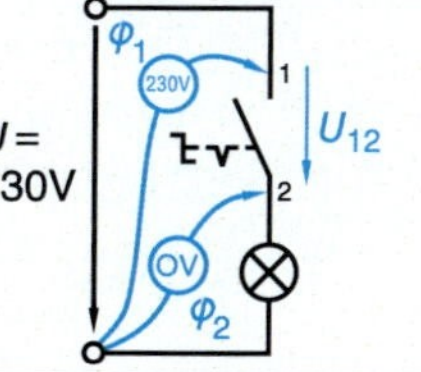

Elektrische Arbeit

$W = P \cdot t = U \cdot I \cdot t$

$P = \frac{W}{t}$

$t = \frac{W}{P}$ $\qquad$ $U = \frac{W}{I \cdot t}$ $\qquad$ $I = \frac{W}{U \cdot t}$

W	elektrische Arbeit	Ws
P	elektrische Leistung	W
t	Zeit	s
U	elektrische Spannung	V
I	elektrische Stromstärke	A

W: Watt

$P = U \cdot I$

Gleichstromtechnik

Elektrische Leistung

$P = \frac{W}{t}$ $\quad P = U \cdot I$

$U = \frac{P}{I}$ $\quad I = \frac{P}{U}$

P	elektrische Leistung	W
W	elektrische Arbeit	Ws
t	Zeit	s
U	elektrische Spannung	V
I	Stromstärke	A
W: Watt		

Wirkungsgrad

$\eta = \frac{W_2}{W_1} = \frac{P_2}{P_1}$

$W_2 = \eta \cdot W_1$ $\quad W_1 = \frac{W_2}{\eta}$

$P_2 = \eta \cdot P_1$ $\quad P_1 = \frac{P_2}{\eta}$

η	Wirkungsgrad	
W_1	zugeführte Arbeit	Ws
W_2	abgegebene Arbeit	Ws
P_1	zugeführte Leistung	W
P_2	abgegebene Leistung	W

Gesamtwirkungsgrad

$\eta_g = \eta_1 \cdot \eta_2 \cdot \eta_3 \cdot \ldots$

Leiterwiderstand

$R_L = \frac{\varrho \cdot l}{A}$

$A = \frac{\varrho \cdot l}{R_L}$ $\quad l = \frac{R_L \cdot A}{\varrho}$ $\quad \varrho = \frac{R_L \cdot A}{l}$

$R_L = \frac{l}{\gamma \cdot A}$

$A = \frac{l}{\gamma \cdot R_L}$ $\quad l = R_L \cdot \gamma \cdot A$

$\gamma = \frac{l}{R_L \cdot A}$

R_L	Leiterwiderstand	Ω
A	Leiterquerschnitt	mm^2
l	Leiterlänge	m
ϱ	spezifischer Widerstand	$\frac{\Omega \cdot mm^2}{m}$
γ	spezifische Leitfähigkeit	$\frac{m}{\Omega \cdot mm^2}$
Ω = Ohm, $1\ \Omega = 1\ \frac{V}{A}$		

$\gamma = \frac{1}{\varrho}$

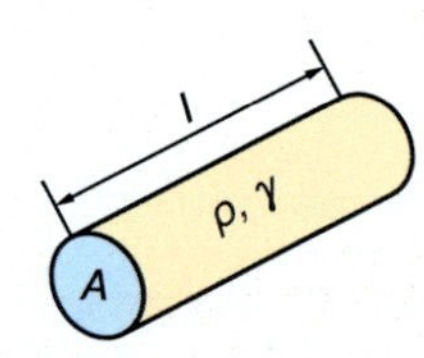

Leitwert

$G = \frac{1}{R}$

$R = \frac{1}{G}$

G	Leitwert	S
R	Widerstand	Ω
S: Siemens, Ω = Ohm		

$1\ S = \frac{1}{\Omega} = 1\ \frac{A}{V}$

$1\ \Omega = 1\ \frac{V}{A}$

Ohmsches Gesetz

$I = \frac{U}{R}$

$U = I \cdot R$ $\quad R = \frac{U}{I}$

I	Stromstärke	A
U	Spannung	V
R	Widerstand	Ω
Ω = Ohm		

$1\ \Omega = 1\ \frac{V}{A}$

1 mΩ = 0,001 Ω
1 kΩ = 1000 Ω
1 MΩ = 1 000 000 Ω

Gleichstromtechnik

Temperaturabhängigkeit des elektrischen Widerstandes

$$R_2 = R_1 \cdot (1 + \alpha \cdot \Delta\vartheta)$$

$\Delta\vartheta = \vartheta_2 - \vartheta_1$

$R_1 = \frac{R_2}{1 + \alpha \cdot \Delta\vartheta}$ $\quad \Delta\vartheta = \frac{1}{\alpha} \cdot \left(\frac{R_2}{R_1} - 1\right)$

R_1	Kaltwiderstand	Ω
R_2	Warmwiderstand	Ω
ϑ_1	Anfangstemperatur	°C
ϑ_2	Endtemperatur	°C
$\Delta\vartheta$	Temperaturdifferenz	K
α	Temperaturbeiwert	$\frac{1}{K}$

K: Kelvin

Temperaturdifferenzen werden in K (Kelvin) angegeben.

80 °C – 40 °C = 40 K

Wärmewirkung des elektrischen Stromes

$P = \frac{m \cdot c \cdot \Delta\vartheta}{\eta \cdot t}$

$m = \frac{P \cdot \eta \cdot t}{c \cdot \Delta\vartheta}$ $\quad \Delta\vartheta = \vartheta_2 - \vartheta_1$

$\Delta\vartheta = \frac{P \cdot \eta \cdot t}{m \cdot c}$ $\quad c = \frac{P \cdot \eta \cdot t}{m \cdot \Delta\vartheta}$

$\eta = \frac{m \cdot c \cdot \Delta\vartheta}{P \cdot t}$ $\quad t = \frac{m \cdot c \cdot \Delta\vartheta}{\eta \cdot P}$

P	aufzuwendende elektrische Leistung	W
m	Masse des zu erwärmenden Stoffes	kg
c	spezifische Wärmekapazität	$\frac{J}{kg \cdot K}$
$\Delta\vartheta$	Temperaturdifferenz	K
η	Wirkungsgrad Erwärmungsvorgang	
t	Zeitdauer der Erwärmung	s

1 J (Joule) = 1 Ws

1 kW = 1000 W

K: Kelvin

Erster Kirchhoffscher Satz

In einem Knotenpunkt ist die Summe aller Ströme gleich Null.

Summe der zufließenden Ströme = Summe der abfließenden Ströme

Allgemein

$I = I_1 + I_2 + I_3 + \ldots + I_n$

Zufließende Ströme positiv, abfließende Ströme negativ.

- Zufließender Strom: $I_1 = 6$ A
- Abfließende Ströme: $I_2 = 4$ A, $I_3 = 2$ A

6 A = 4 A + 2 A

6 A – 4 A – 2 A = 0

(Vorzeichen beachten)

I	Ströme	A

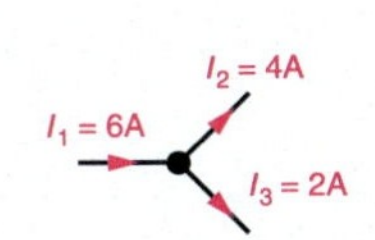

Zweiter Kirchhoffscher Satz

In einer Netzmasche ist die Summe aller Spannungen gleich null.

Vorzeichen beachten

$U - U_4 - U_3 - U_2 - U_1 = 0$

$U = U_1 + U_2 + U_3 + U_4$

U	Spannungen	V

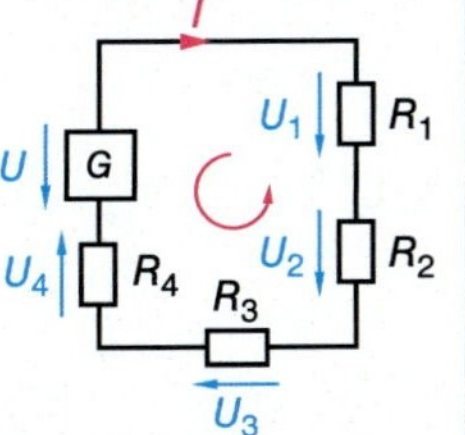

Gleichstromtechnik

Parallelschaltung von Widerständen

U = konstant

An jedem Widerstand liegt die gleiche Spannung.

$I = I_1 + I_2 + I_3 + \ldots + I_n$

Der Gesamtstrom teilt sich in die Teilströme auf.

$$\frac{1}{R_E} = \frac{1}{R_1} + \frac{1}{R_2} + \frac{1}{R_3} + \ldots + \frac{1}{R_n}$$

$$\frac{1}{R_1} = \frac{1}{R_E} - \left(\frac{1}{R_2} + \frac{1}{R_3} + \ldots + \frac{1}{R_n}\right)$$

Zwei Widerstände

$$R_E = \frac{R_1 \cdot R_2}{R_1 + R_2}$$

R_E	Ersatzwiderstand	Ω
R	Teilwiderstände, parallel geschaltet	Ω

$$R_1 = \frac{R_2 \cdot R_E}{R_2 - R_E}$$

$$R_2 = \frac{R_1 \cdot R_E}{R_1 - R_E}$$

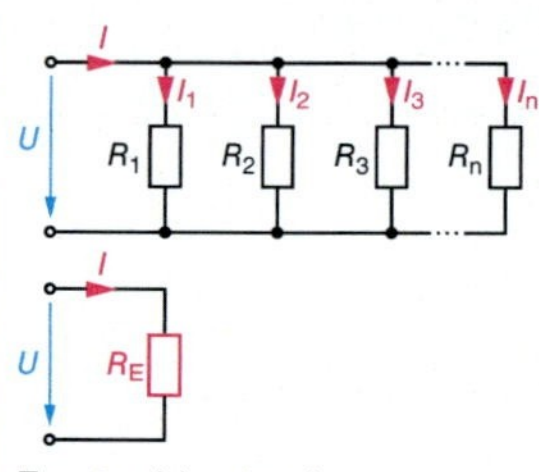

Ersatzwiderstand

Reihenschaltung von Widerständen

I = konstant

In allen Widerständen fließt der gleiche Strom.

$$R_g = R_1 + R_2 + R_3 + \ldots + R_n$$

$$R_1 = R_g - (R_2 + R_3 + \ldots + R_n)$$

R_g	Gesamtwiderstand	Ω
R	Teilwiderstände	Ω

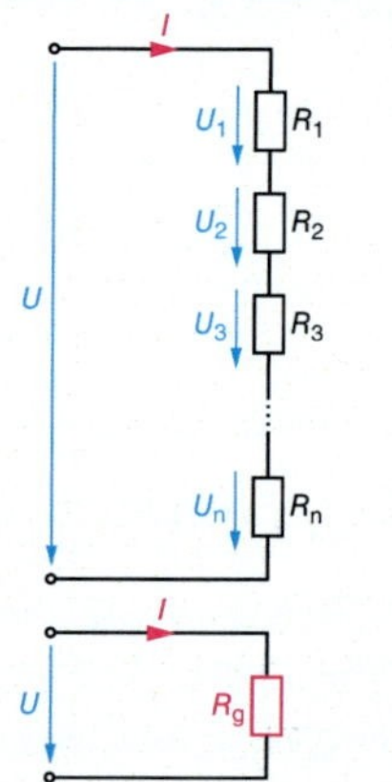

Spannungsteilerregel

$$\frac{U_1}{U_2} = \frac{R_1}{R_2}$$

$$U_1 = U_2 \cdot \frac{R_1}{R_2} \qquad U_2 = U_1 \cdot \frac{R_2}{R_1}$$

$$R_1 = R_2 \cdot \frac{U_1}{U_2} \qquad R_2 = R_1 \cdot \frac{U_2}{U_1}$$

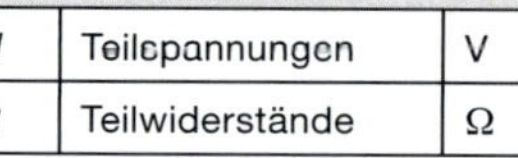

U	Teilspannungen	V
R	Teilwiderstände	Ω

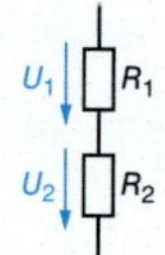

Die Spannungen verhalten sich wie die Widerstände. Am größeren Widerstand fällt die höhere Spannung ab.

Gleichstromtechnik

Reihenschaltung von Spannungsquellen

$$I = \frac{n \cdot U_0}{n \cdot R_i + R_B}$$

$$U_0 = I \cdot \left(R_i + \frac{R_B}{n}\right)$$

U_0	Leerlaufspannung	V
I	Stromstärke	A
R_i	Innenwiderstand der Spannungsquelle	Ω
R_B	Belastungswiderstand	Ω
n	Anzahl der in Reihe geschalteten Spannungsquellen	

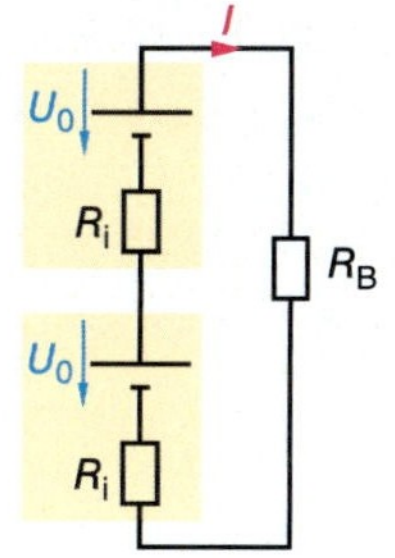

Reihenschaltung: *Spannungserhöhung*

Parallelschaltung von Spannungsquellen

$$I = \frac{U_0}{\frac{R_i}{n} + R_B}$$

$$U_0 = I \cdot \left(\frac{R_i}{n} + R_B\right)$$

U_0	Leerlaufspannung	V
I	Stromstärke	A
R_i	Innenwiderstand	Ω
R_B	Belastungswiderstand	Ω
n	Anzahl der parallel geschalteten Spannungsquellen	

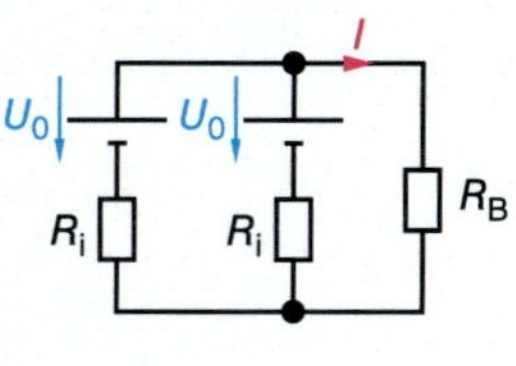

Parallelschaltung: *Stromerhöhung*

Leerlaufspannung, Klemmenspannung

$$U_0 = U_K + U_i$$

$U_K = U_0 - U_i$ $\quad$ $U_i = U_0 - U_K$

$$U_K = U_0 - I \cdot R_i$$

$U_0 = U_K + I \cdot R_i$

U_0	Leerlaufspannung	V
U_K	Klemmenspannung	V
U_i	Spannungsfall am Innenwiderstand	V
I	Stromstärke	A
R_i	Innenwiderstand	Ω

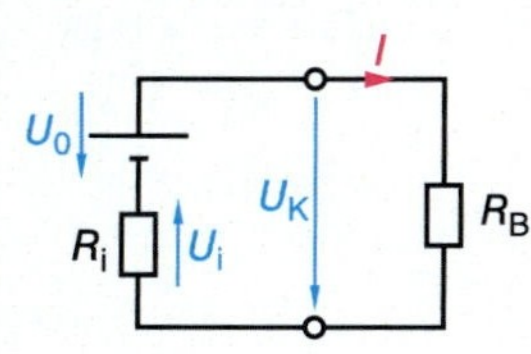

Vorwiderstand

$$R_V = R_B \cdot \left(\frac{U_1}{U_2} - 1\right)$$

$$I = \frac{U_1}{R_V + R_B} = \frac{U_2}{R_B}$$

R_V	Vorwiderstand	Ω
R_B	Belastungswiderstand	Ω
U_1	Versorgungsspannung	V
U_2	Spannung am Lastwiderstand	Ω
I	Stromstärke	A

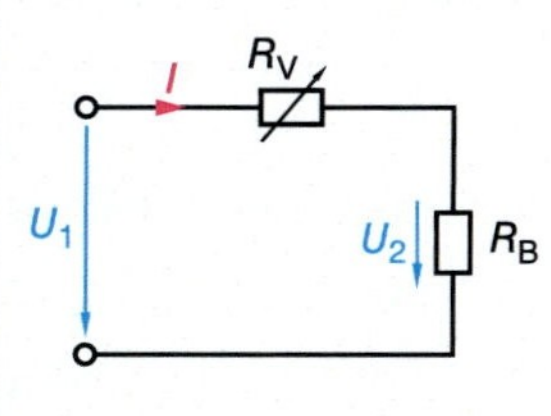

Gleichstromtechnik

Spannungsteiler, unbelastet

$$U_2 = U_1 \cdot \frac{R_2}{R_1 + R_2}$$

$$I = \frac{U_1}{R_1 \cdot R_2}$$

$$U_1 = U_2 \cdot \frac{R_1 + R_2}{R_2} \qquad R_1 = R_2 \cdot \frac{U_1 - U_2}{U_2}$$

$$R_2 = R_1 \cdot \frac{U_2}{U_1 - U_2}$$

Formelzeichen	Bedeutung	Einheit
U_1	Eingangs-spannung	V
U_2	Ausgangs-spannung	V
R_1, R_2	Teilerwiderstände	Ω
I	Stromstärke	A

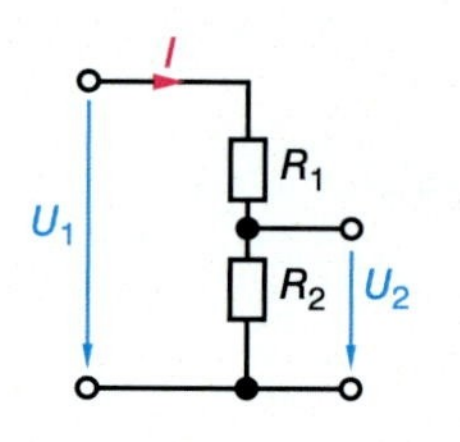

Spannungsteiler, belastet

$$U_2 = I \cdot \frac{R_2 \cdot R_B}{R_2 + R_B}$$

$$I = \frac{U_1}{R_1 + \frac{R_2 \cdot R_B}{R_2 + R_B}}$$

$$R_B = \frac{\frac{U_2}{I} \cdot R_2}{R_2 - \frac{U_2}{I}} \qquad R_2 = \frac{\frac{U_2}{I} \cdot R_B}{R_B - \frac{U_2}{I}}$$

Formelzeichen	Bedeutung	Einheit
U_1	Eingangs-spannung	V
U_2	Ausgangs-spannung	V
R_1, R_2	Teilerwiderstände	Ω
R_B	Belastungs-widerstand	Ω
I	Stromstärke	A

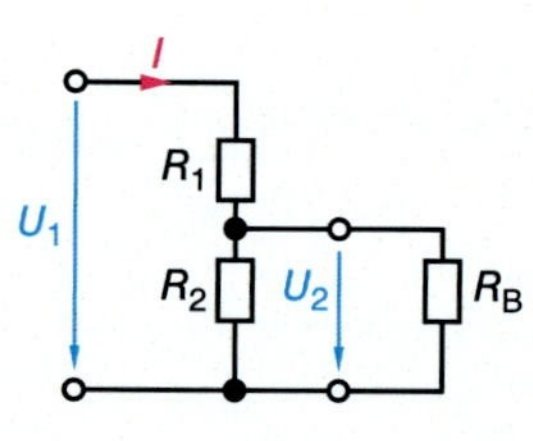

Brückenschaltung, abgeglichen

$$\frac{R_1}{R_2} = \frac{R_3}{R_4}$$

$$R_1 = R_2 \cdot \frac{R_3}{R_4} \qquad R_2 = R_1 \cdot \frac{R_4}{R_3}$$

$$R_3 = R_4 \cdot \frac{R_1}{R_2} \qquad R_4 = R_3 \cdot \frac{R_2}{R_1}$$

$U_{AB} = 0$ $\qquad I_{AB} = 0$

$I_1 = I_2$ $\qquad I_3 = I_4$

$U_1 = U_3$ $\qquad U_2 = U_4$

Formelzeichen	Bedeutung	Einheit
R	Widerstände	Ω
U	Spannungen	V
I	Ströme	A

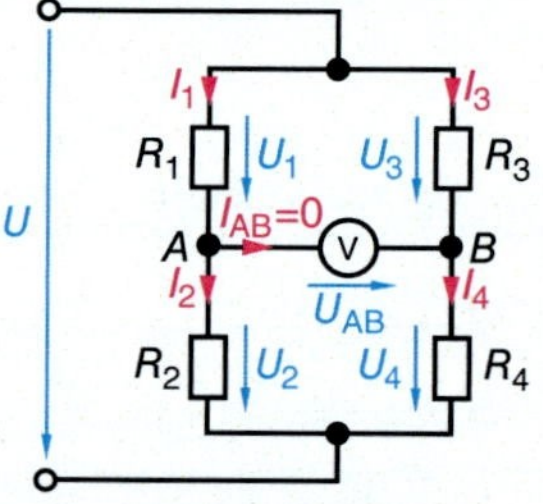

Bei *abgeglichener* Brückenschaltung ist die Brückendiagonale (A – B) stromlos.

Brückenschaltung, nicht abgeglichen

$U_{AB} \neq 0$ $\qquad I_{AB} \neq 0$

$$U_{AB} = U_2 - U_4$$

$$U_{AB} = U_3 - U_1$$

$$I_{AB} = I_1 - I_2$$

$$I_{AB} = I_4 - I_3$$

Formelzeichen	Bedeutung	Einheit
U	Spannungen	V
I	Ströme	A

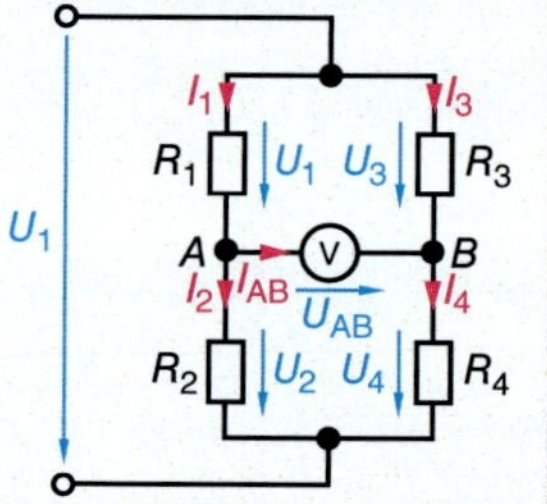

Gleichstromtechnik

Messbereichserweiterung, Spannungsmesser

Formel	Formelzeichen	Benennung	Einheit
$R_V = \frac{U - U_M}{U_M} \cdot R_i$	U	Spannung bei Vollausschlag	V
	U_M	Spannung am Messwerk	V
	R_i	Innenwiderstand Messwerk	Ω
	R_V	Vorwiderstand	Ω

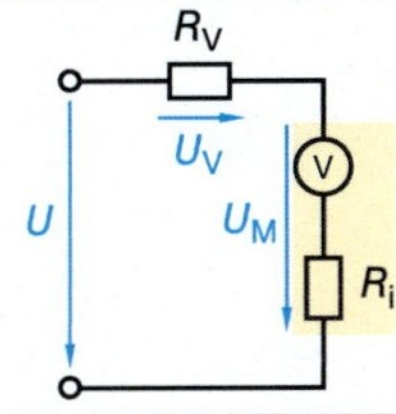

Messbereichserweiterung, Strommesser

Formel	Formelzeichen	Benennung	Einheit
$R_p = \frac{I_M}{I - I_M} \cdot R_i$	I	Strom bei Vollausschlag	A
	I_M	Strom im Messwerk	A
	R_i	Innenwiderstand Messwerk	Ω
	R_p	Parallelwiderstand	Ω

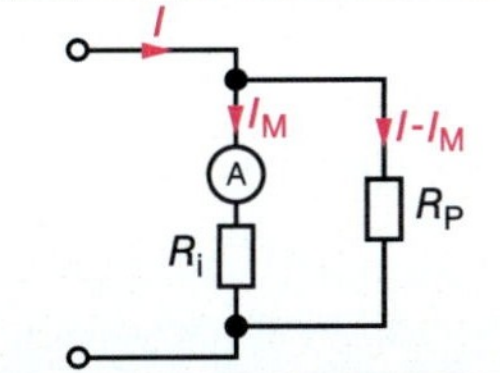

Dreieck-Stern-Umwandlung

$$R_{12} = \frac{R_1 \cdot R_2}{R_1 + R_2 + R_3}$$

$$R_{13} = \frac{R_1 \cdot R_3}{R_1 + R_2 + R_3}$$

$$R_{23} = \frac{R_2 \cdot R_3}{R_1 + R_2 + R_3}$$

Formelzeichen	Benennung	Einheit
R_1, R_2, R_3	Dreieckwiderstände	Ω
R_{12}, R_{13}, R_{23}	Sternwiderstände	Ω

Produkt der anliegenden Widerstände durch Umfangswiderstand des Dreiecks.

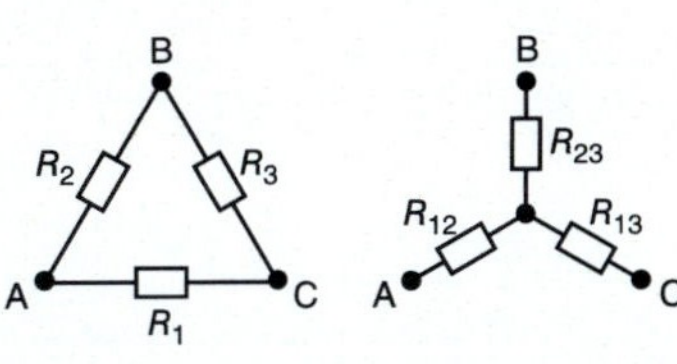

Elektrisches Feld

Elektrische Feldstärke

$$E = \frac{F}{Q}$$

$F = E \cdot Q$ $Q = \frac{F}{E}$

Formelzeichen	Benennung	Einheit
E	elektrische Feldstärke	$\frac{V}{m}$
F	Kraftwirkung	N
Q	Ladung	C, As

C: Coulomb,
As: Amperesekunde

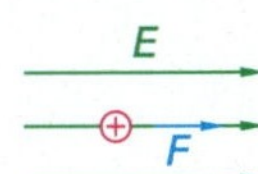

Elektrische Feldstärke beim Plattenkondensator

$$E = \frac{U}{d}$$

$U = E \cdot d$ $d = \frac{U}{E}$

Formelzeichen	Benennung	Einheit
E	elektrische Feldstärke	$\frac{V}{m}$
U	elektrische Spannung	V
d	Plattenabstand	m

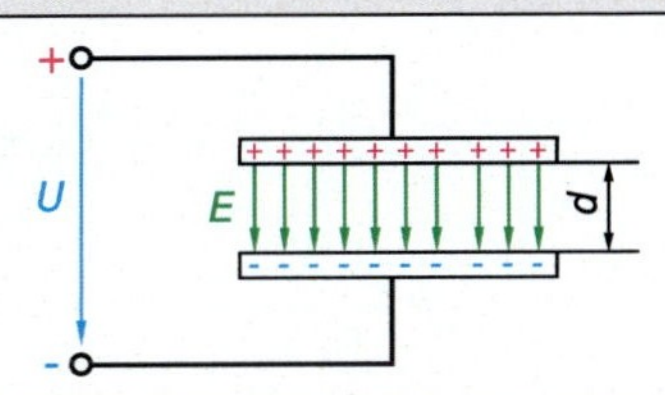

Elektrisches Feld

Kondensatorkapazität

$$C = \frac{Q}{U}$$

$Q = C \cdot U$ $\qquad U = \frac{Q}{C}$

$$C = \frac{\varepsilon_0 \cdot \varepsilon_r \cdot A}{d}$$

$A = \frac{C \cdot d}{\varepsilon_0 \cdot \varepsilon_r}$ $\qquad d = \frac{\varepsilon_0 \cdot \varepsilon_r \cdot A}{C}$

C	Kondensator-kapazität	F
Q	elektrische Ladung	C, As
U	Spannung	V
ε_0	Dielektrizitäts-konstante	$\frac{\text{As}}{\text{Vm}}$
ε_r	Dielektrizitätszahl	
A	Plattenfläche (einer Platte)	m^2
d	Plattenabstand	m

F: Farad, As: Amperesekunde, C: Coulomb

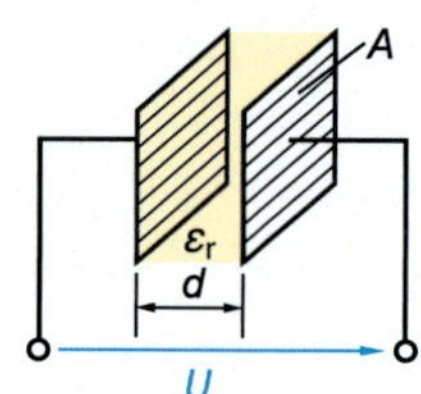

$\varepsilon_0 = 8{,}86 \cdot 10^{-12}\ \frac{\text{As}}{\text{Vm}}$

$1\ \text{F} = 1\ \frac{\text{As}}{\text{V}}$

Reihenschaltung von Kondensatoren

$Q_1 = Q_2 = Q_3 = \ldots = Q_n$

$U = U_1 + U_2 + U_3 + \ldots + U_n$

$$\frac{1}{C_g} = \frac{1}{C_1} + \frac{1}{C_2} + \frac{1}{C_3} + \ldots + \frac{1}{C_n}$$

$C_g = \frac{C_1 \cdot C_2}{C_1 + C_2}$

$C_g = \frac{C}{n}$

Q	elektrische Ladung	As, C
U	elektrische Spannung	V
C_g	Gesamtkapazität	F
C	Einzelkapazitäten	F

F: Farad, As: Amperesekunde, C: Coulomb

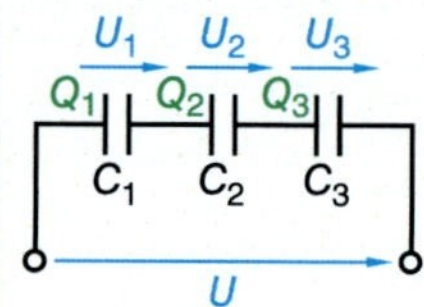

$1\ \text{F} = 1\ \frac{\text{As}}{\text{V}}$

$1\ \mu\text{F} = 1 \cdot 10^{-6}\ \text{F}$

$1\ \text{nF} = 1 \cdot 10^{-9}\ \text{F}$

$1\ \text{pF} = 1 \cdot 10^{-12}\ \text{F}$

Parallelschaltung von Kondensatoren

$U_1 = U_2 = U_3 = \ldots = U_n$

$Q = Q_1 + Q_2 + Q_3 + \ldots + Q_n$

$$C_g = C_1 + C_2 + C_3 + \ldots + C_n$$

U	elektrische Spannung	V
Q	elektrische Ladung	As, C
C_g	Gesamtkapazität	F
C	Einzelkapazitäten	F

F: Farad, As: Amperesekunde, C: Coulomb

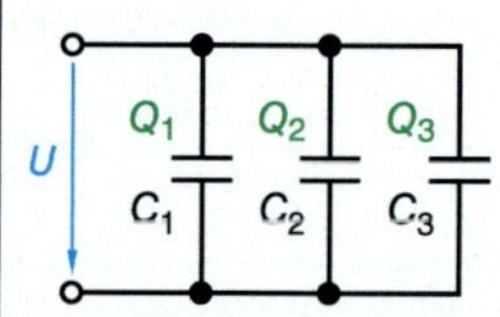

$1\ \text{F} = 1\ \frac{\text{As}}{\text{V}}$

$1\ \mu\text{F} = 1 \cdot 10^{-6}\ \text{F}$

$1\ \text{nF} = 1 \cdot 10^{-9}\ \text{F}$

$1\ \text{pF} = 1 \cdot 10^{-12}\ \text{F}$

Elektrisches Feld

Kondensator, Lade- und Entladevorgang

$$i = C \cdot \frac{\Delta u_C}{\Delta t} = \frac{\Delta q}{\Delta t}$$

i	Stromstärke	A
C	Kondensator-kapazität	F
$\frac{\Delta u_C}{\Delta t}$	zeitliche Änderung der Kondensator-spannung	$\frac{V}{s}$
$\frac{\Delta q}{\Delta t}$	zeitliche Ladungs-änderung	$\frac{C}{s} = \frac{As}{s} = A$

F: Farad, As: Amperesekunde, C: Coulomb

$1\ F = 1\ \frac{As}{V}$

$1\ \mu F = 1 \cdot 10^{-6}\ F$

$1\ nF = 1 \cdot 10^{-9}\ F$

$1\ pF = 1 \cdot 10^{-12}\ F$

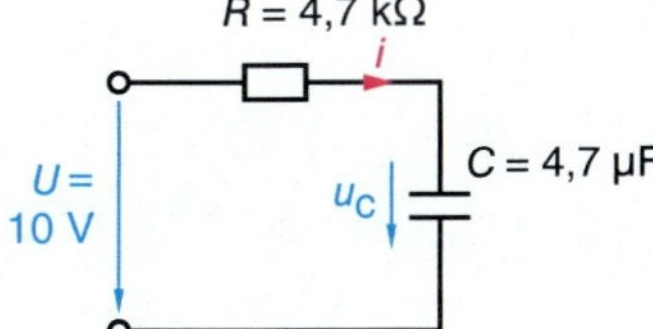

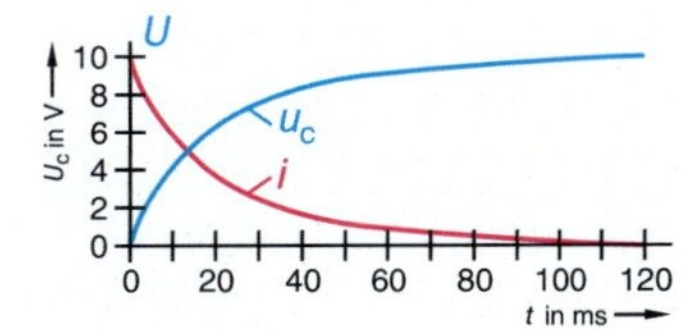

Ladevorgang

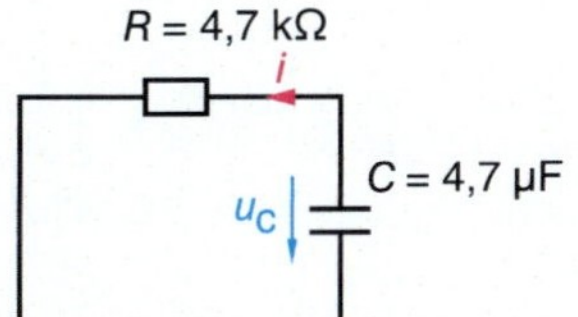

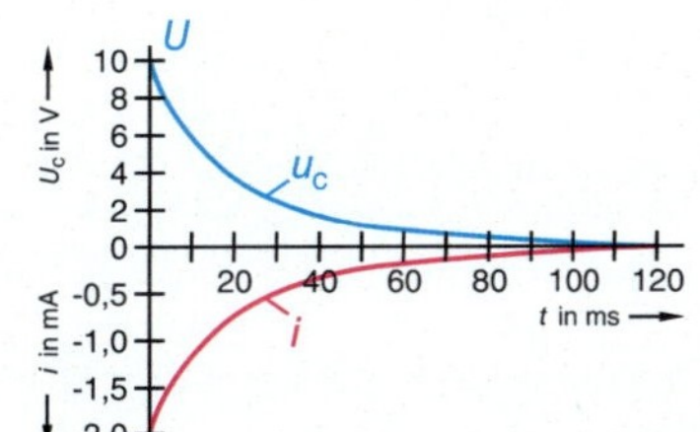

Entladevorgang

Zeitkonstante

$$\tau = R \cdot C$$

$R = \frac{\tau}{C} \qquad C = \frac{\tau}{R}$

Die Zeitkonstante gibt an, nach welcher Zeit Spannung bzw. Stromstärke 63 Prozent ihrer jeweiligen Endwerte erreicht haben.

Nach Ablauf von 5 Zeitkonstanten ($5 \cdot \tau$) sind die Endwerte erreicht.

$$t = 5 \cdot \tau$$

τ	Zeitkonstante	s
R	ohmscher Widerstand	Ω
C	Kapazitäten	F

F: Farad

1 s = 1000 ms

$1\ ms = 0{,}001\ s = 10^{-3}\ s$

$1\ F = 1\ \frac{As}{V}$

$1\ \mu F = 1 \cdot 10^{-6}\ F$

$1\ nF = 1 \cdot 10^{-9}\ F$

$1\ pF = 1 \cdot 10^{-12}\ F$

Magnetisches Feld

Magnetischer Fluss

Der magnetische Fluss Φ ist die Summe aller Feldlinien.

Formelzeichen	Bedeutung	Einheit
Φ	magnetischer Fluss	Vs

1 Vs = 1 Wb (Weber)

Vs: Voltsekunde

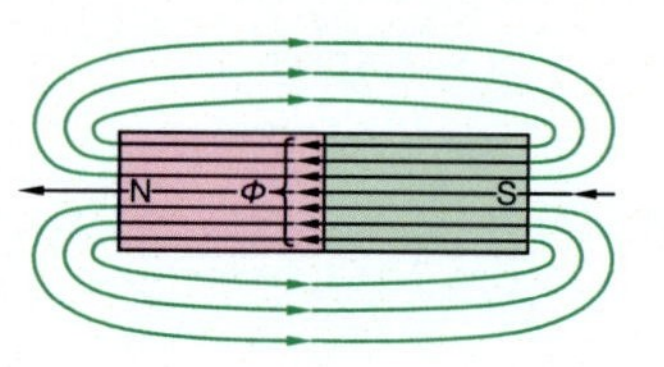

Magnetische Flussdichte

$$B = \frac{\Phi}{A}$$

$\Phi = B \cdot A$ $\qquad A = \frac{\Phi}{B}$

Formelzeichen	Bedeutung	Einheit
B	magnetische Flussdichte	$\frac{\text{Vs}}{\text{m}^2}$
Φ	magnetischer Fluss	Vs
A	von Feldlinien senkrecht durchsetzte Fläche	m^2

$1 \frac{\text{Vs}}{\text{m}^2} = 1\ \text{T}$ (Tesla)

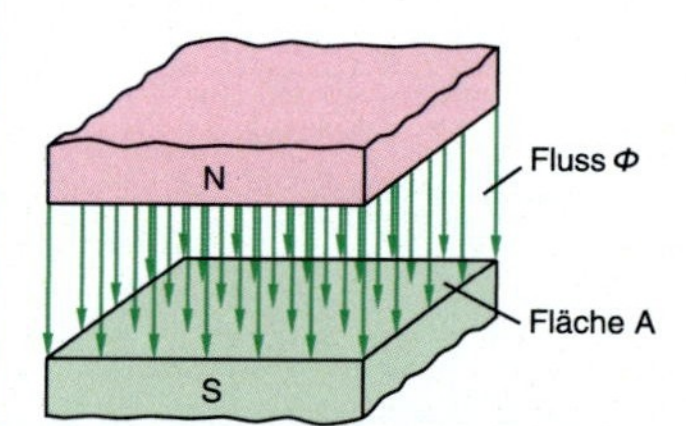

Magnetische Durchflutung

$$\Theta = I \cdot N$$

$I = \frac{\Theta}{N}$ $\qquad N = \frac{\Theta}{I}$

Formelzeichen	Bedeutung	Einheit
Θ	magnetische Durchflutung	A
I	Stromstärke in der Spule	A
N	Windungszahl	

6A 3A 2A

$N = 1$, $\Theta = 6\text{A}$ $\qquad N = 2$, $\Theta = 6\text{A}$ $\qquad N = 3$, $\Theta = 6\text{A}$

Magnetische Feldstärke

$$H = \frac{\Theta}{l_m} = \frac{I \cdot N}{l_m}$$

$\Theta = H \cdot l_m$ $\qquad l_m = \frac{\Theta}{H}$

$I = \frac{H \cdot l_m}{N}$ $\qquad N = \frac{H \cdot l_m}{I}$

$l_m = \frac{I \cdot N}{H}$

Formelzeichen	Bedeutung	Einheit
H	magnetische Feldstärke	$\frac{\text{A}}{\text{m}}$
Θ	magnetische Durchflutung	A
I	Stromstärke	A
N	Windungszahl	
l_m	mittlere Feldlinienlänge	m

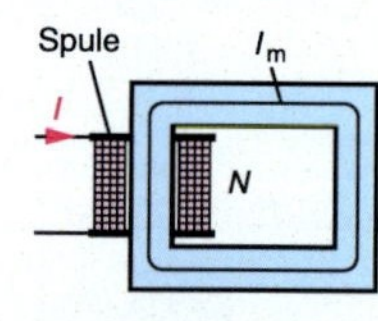

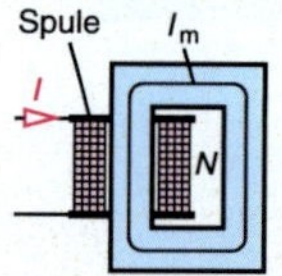

Magnetisches Feld

Magnetischer Kreis

$$\Phi = \frac{\Theta}{R_m}$$

$\Theta = \Phi \cdot R_m$ $\quad R_m = \frac{\Theta}{\Phi}$

$$R_m = \frac{l}{\mu \cdot A}$$

$l = R_m \cdot \mu \cdot A$ $\quad A = \frac{l}{\mu \cdot R_m}$

$\mu = \frac{l}{R_m \cdot A}$

Formelzeichen	Bedeutung	Einheit
Φ	magnetischer Fluss	Vs
Θ	magnetische Durchflutung	A
R_m	magnetischer Widerstand	$\frac{A}{Vs}$
l_{Fe}	mittlere Feldinienlänge des Eisens	m
l_L	Luftspaltlänge	m
μ	Permeabilität	$\frac{Vs}{Am}$
A	Querschnitt des Eisenkerns	m^2

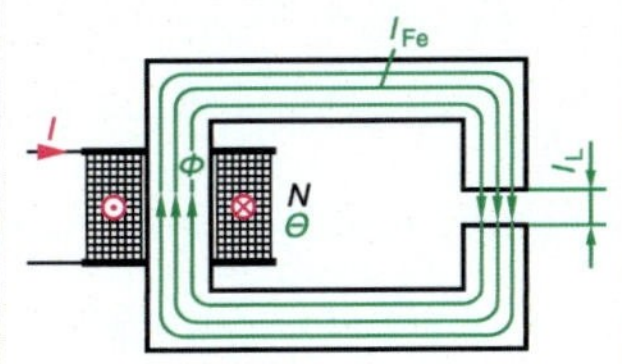

$\mu = \mu_0 \cdot \mu_r$

$\mu_0 = 1{,}275 \cdot 10^{-6} \frac{Vs}{Am}$

μ_r Permeabilitätszahl

Permeabilität

$$B = \mu \cdot H \qquad \mu = \mu_0 \cdot \mu_r$$

$$B = \mu_0 \cdot \mu_r \cdot H$$

$H = \frac{B}{\mu_0 \cdot \mu_r}$ $\quad \mu_r = \frac{B}{\mu_0 \cdot H}$

Formelzeichen	Bedeutung	Einheit
B	magnetische Flussdichte	$\frac{Vs}{m^2}$, T
μ	Permeabilität	$\frac{Vs}{Am}$
H	magnetische Feldstärke	$\frac{A}{m}$
μ_0	magnetische Feldkonstante	$\frac{Vs}{Am}$
μ_r	Permeabilitätszahl	

$\mu_0 = 1{,}256 \cdot 10^{-6} \frac{Vs}{Am}$

T: Tesla $\left(1 \frac{Vs}{m^2} = 1\,T\right)$

Eisen verstärkt die magnetische Wirkung ganz wesentlich (μ_r).

Induktivität

$$L = N^2 \cdot \frac{\mu_0 \cdot \mu_r \cdot A}{l}$$

$N = \sqrt{\frac{L \cdot l}{\mu_0 \cdot \mu_r \cdot A}}$

$A = \frac{L \cdot l}{N^2 \cdot \mu_0 \cdot \mu_r}$

$l = N^2 \cdot \frac{\mu_0 \cdot \mu_r \cdot A}{L}$

Formelzeichen	Bedeutung	Einheit
L	Induktivität der Spule	H
N	Windungszahl der Spule	
μ_0	magnetische Feldkonstante	$\frac{Vs}{m^2}$
μ_r	Permeabilität	
A	Querschnittsfläche der Spule	m^2
l	Länge der Spule	m
H: Henry		

Bei einer vorgegebenen Spule ist die *Induktivität* eine Spulenkonstante.

Speichervermögen der Spule für magnetische Energie.

$1\,H = 1 \frac{Vs}{A}$

Induktionsgesetz

$$u_i = -N \cdot \frac{\Delta\Phi}{\Delta t}$$

$$u_i = N \cdot B \cdot l_W \cdot v$$

$$u_i = -L \cdot \frac{\Delta i}{\Delta t}$$

Formelzeichen	Bedeutung	Einheit
u_i	Induktionsspannung	V
N	Windungszahl	
$\frac{\Delta\Phi}{\Delta t}$	Flussänderungsgeschwindigkeit	$\frac{Vs}{s} = V$
B	magnetische Flussdichte	$\frac{Vs}{m^2}$
l_W	wirksame Länge im Feld	m
v	Geschwindigkeit der Leiterbewegung	$\frac{m}{s}$
L	Induktivität	H
$\frac{\Delta i}{\Delta t}$	Stromänderungsgeschwindigkeit	$\frac{A}{s}$

H: Henry

$1\,H = 1 \frac{Vs}{A}$

Magnetisches Feld

Kraftwirkung auf stromdurchflossenen Leiter

$F = B \cdot I \cdot l \cdot z$

$B = \frac{F}{I \cdot l \cdot z}$ $\qquad I = \frac{F}{B \cdot l \cdot z}$

$l = \frac{F}{B \cdot I \cdot z}$ $\qquad z = \frac{F}{B \cdot I \cdot l}$

F	Kraft auf den Leiter	N
B	magnetische Flussdichte	$\frac{Vs}{m^2}$, T
I	Stromstärke	A
l	Leiterlänge im Magnetfeld	m
z	Anzahl der Leiter	
N: Newton, T: Tesla		

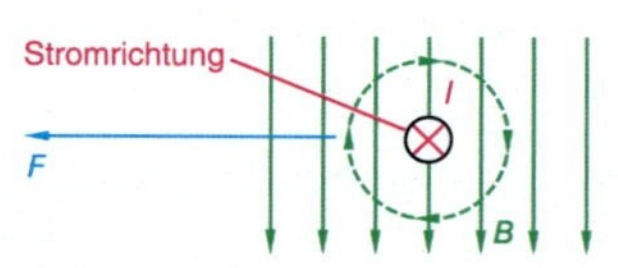

$1\ T = 1\ \frac{Ks}{m^2}$

Kraftwirkung zwischen stromdurchflossenen Leitern

$F = \mu_0 \cdot \frac{I_1 \cdot I_2}{2\pi \cdot a \cdot l}$

$I_1 = \frac{F \cdot 2\pi \cdot a \cdot l}{\mu_0 \cdot I_2}$

$I_2 = \frac{F \cdot 2\pi \cdot a \cdot l}{\mu_0 \cdot I_1}$

$a = \frac{\mu_0 \cdot I_1 \cdot I_2}{2\pi \cdot F \cdot l}$ $\qquad l = \frac{\mu_0 \cdot I_1 \cdot I_2}{2\pi \cdot F \cdot a}$

F	Kraft	N
I_1, I_2	Stromstärke	A
l	Leiterlänge	m
μ_0	magnetische Feldkonstante	$\frac{Vs}{Am}$
a	Leiterabstand	m
N: Newton		

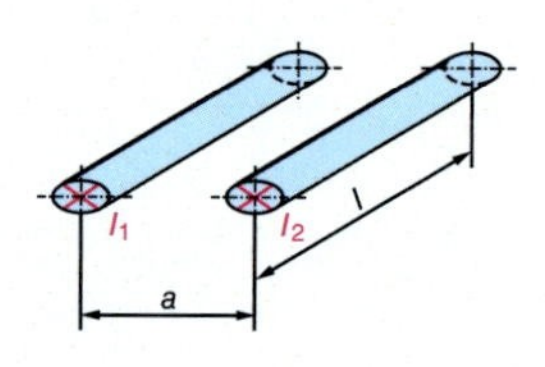

Schaltung von Spulen

Reihenschaltung

$L_g = L_1 + L_2 + L_3 + \ldots + L_n$

Parallelschaltung

$\frac{1}{L_E} = \frac{1}{L_1} + \frac{1}{L_2} + \frac{1}{L_3} + \ldots + \frac{1}{L_n}$

$L_E = \frac{L_1 \cdot L_2}{L_1 + L_2}$

L_g	Gesamt-induktivität	H
L	Einzel-induktivitäten	H
L_E	Ersatz-induktivität	H
H: Henry		

$1\ H = 1\ \frac{Vs}{A}$

Spule, Ein- und Ausschaltvorgang

Zeitkonstante

$\tau = \frac{L}{R}$

$R = \frac{L}{\tau}$ $\qquad L = \tau \cdot R$

Einschaltzeit

$t_{ein} = 5 \cdot \tau$

τ	Zeitkonstante	s
L	Induktivität	H
R	Widerstand	Ω
t_{ein}	Einschaltzeit	s
H: Henry, Ω: Ohm		

$1\ H = 1\ \frac{Vs}{A}$

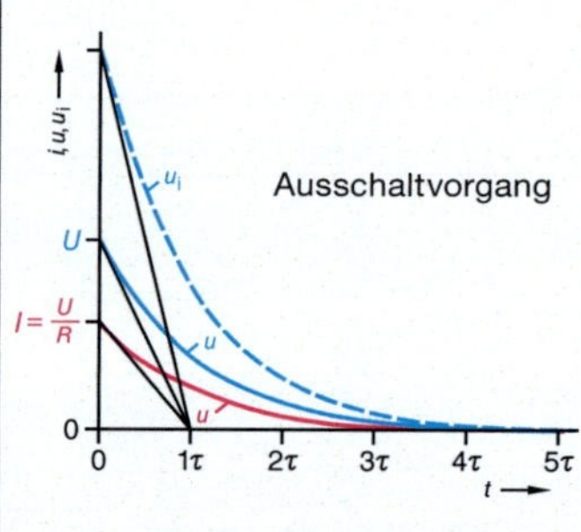

Fortsetzung nächste Seite

Magnetisches Feld

Spule, Ein- und Ausschaltvorgang

Fortsetzung

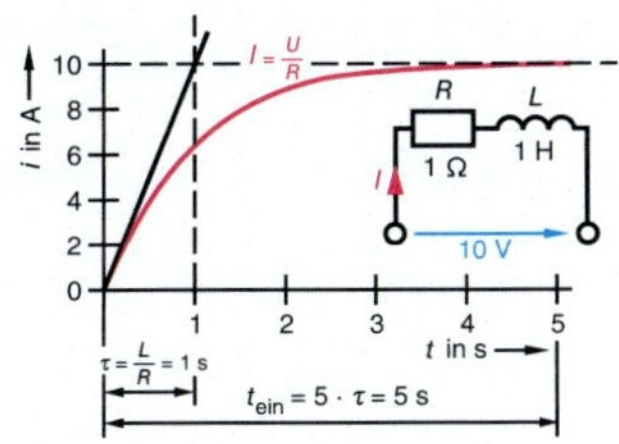

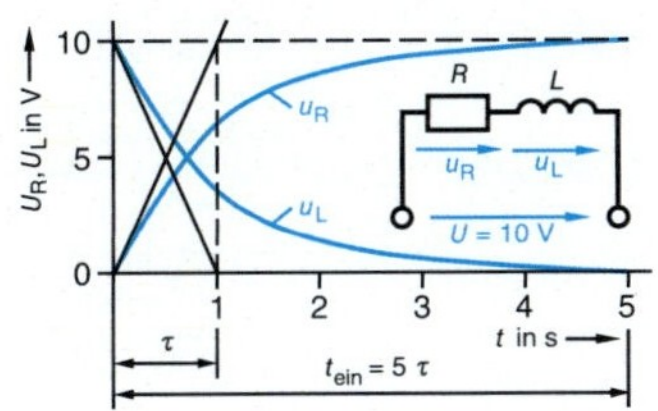

Einschalt-
vorgang

Wechselstromtechnik

Wechselspannung, sinusförmig

$u = u_s \cdot \sin \omega t$

$u_s = \frac{u}{\sin \omega t}$

u	Augenblickswert	V
u_s	Spitzenwert	V
ω	Kreisfrequenz	$\frac{1}{s}$
t	Zeit	s
ωt	Winkel im Bogenmaß	rad

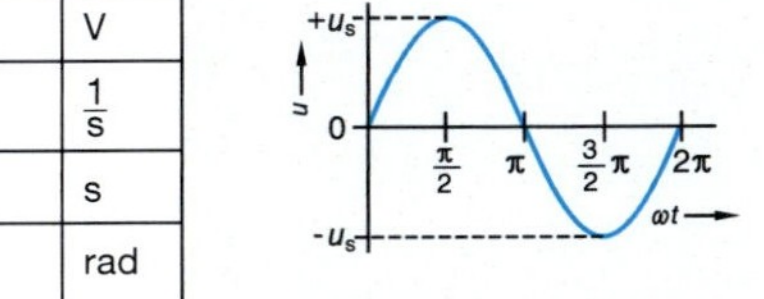

Wechselgröße

- Wechselgrößen sind periodisch.
- Wechselgrößen haben den linearen Mittelwert null (Fläche I = Fläche II).

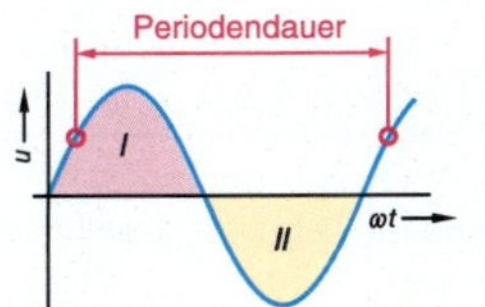

Periodendauer und Frequenz

$f = \frac{1}{T}$ $T = \frac{1}{f}$

Periodendauer ist die Zeit, die für eine Periode (positive und negative Halbwelle) benötigt wird.

$f = 50$ Hz → $T = 20$ ms

f	Frequenz	Hz
T	Periodendauer	$\frac{1}{s}$

Hz: Hertz

$1 \text{ Hz} = 1 \frac{1}{s}$

Kreisfrequenz

$\omega = 2\pi \cdot f$

$f = \frac{\omega}{2\pi}$

ω	Kreisfrequenz	$\frac{1}{s}$
f	Frequenz	Hz

Hz: Hertz, $1 \text{ Hz} = 1 \frac{1}{s}$

Umfang eines Kreises mit $r = 1$:
$U = 2\pi \rightarrow 360° = 2\pi$
$45° = \frac{\pi}{4}$

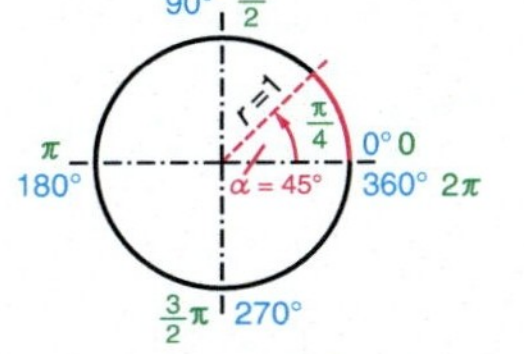

Wechselstromtechnik

Effektivwerte

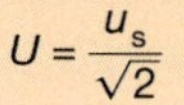

$$U = \frac{u_s}{\sqrt{2}} \qquad I = \frac{i_s}{\sqrt{2}}$$

$u_s = \sqrt{2} \cdot U \qquad i_s = \sqrt{2} \cdot I$

Effektivwerte setzen in einem ohmschen Widerstand *R* die gleiche Leistung um wie gleich große Gleichstromwerte.

U	Effektivwert der Spannung	V
I	Effektivwert des Stromes	A
u_s	Spitzenwert der Spannung	V
i_s	Spitzenwert des Stromes	A

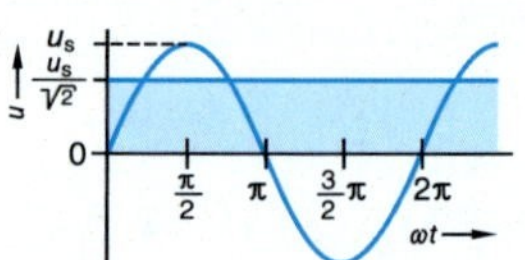

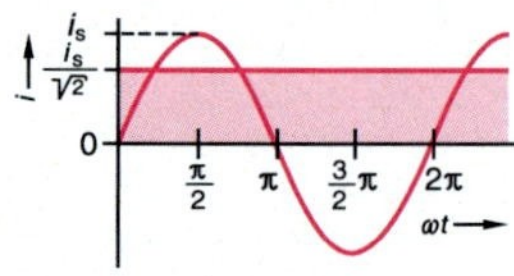

Formfaktor

$$F = \frac{U_{RMS}}{U_{AV}} = \frac{I_{RMS}}{I_{AV}}$$

F	Formfaktor	
U_{RMS}	Leistungsmittelwert Spannung	V
U_{AV}	linearer Mittelwert Spannung	V
I_{RMS}	Leistungsmittelwert Strom	A
I_{AV}	linearer Mittelwert	A

RMS: **R**oot **M**ean **S**quare

AV: **A**verage **V**oltage

Scheitelfaktor

$$F_{Cres} = \frac{u_s}{U_{RMS}} = \frac{i_s}{I_{RMS}}$$

F_{Cres}	Scheitelfaktor	
u_s	Scheitelwert Spannung	V
U_{RMS}	Leistungsmittelwert Spannung	V
i_s	Scheitelwert Strom	A
I_{RMS}	Leistungsmittelwert Strom	A

Cres: Crest-Faktor

RMS: **R**oot **M**ean **S**quare

Mischspannung

$$u_{Misch} = U_{DC} + U_{AC}$$

u_{Misch}	Mischspannung	V
U_{DC}	Gleichspannungsanteil	V
U_{AC}	Wechselspannungsanteil	V

DC: Gleichspannung

AC: Wechselspannung

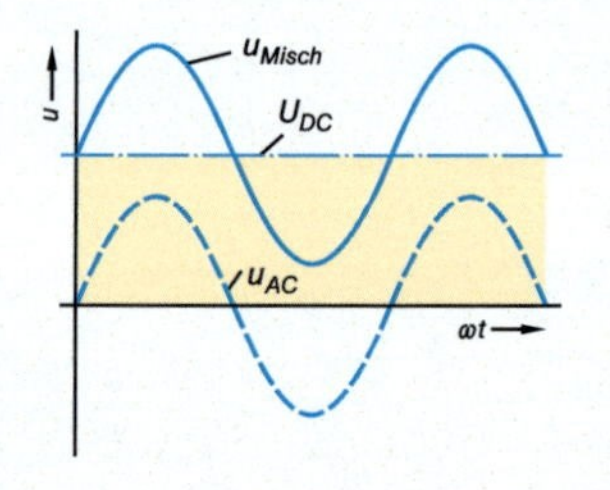

Wechselstromtechnik

Rechteckspannung, unsymmetrisch

$g = \frac{t_i}{T}$

$V = \frac{1}{g} = \frac{I}{t_i}$

$T = t_i + t_p$

$$U_{AV} = \frac{U_i \cdot t_i + U_p \cdot t_p}{T}$$

V	Tastverhältnis	
g	Tastgrad	
t_p	Pausendauer	s
t_i	Impulsdauer	s
T	Periodendauer	s
U_{AV}	linearer Mittelwert Spannung	V
U_p	Spannung Pausendauer	V
U_i	Spannung Impulsdauer	V

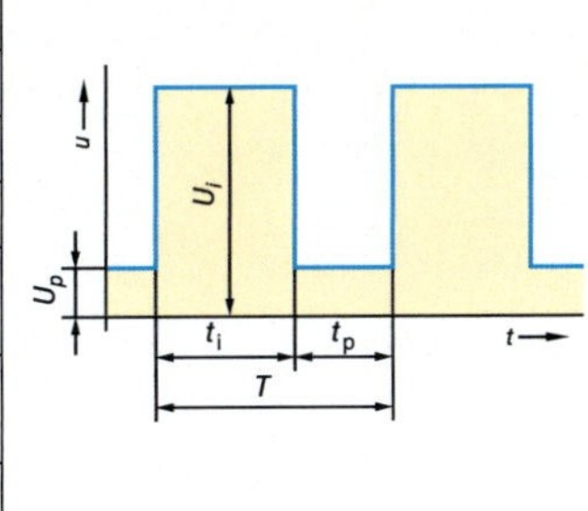

Leistung im Wechselstromkreis

Wirkleistung

$$P = U \cdot I \cdot \cos \varphi$$

$I = \frac{P}{U \cdot \cos \varphi}$ $\quad U = \frac{P}{I \cdot \cos \varphi}$

$\cos \varphi = \frac{P}{U \cdot I}$

Blindleistung

$$Q = U \cdot I \cdot \sin \varphi$$

$I = \frac{Q}{U \cdot \sin \varphi}$ $\quad U = \frac{Q}{I \cdot \sin \varphi}$

$\sin \varphi = \frac{Q}{U \cdot I}$

P	Wirkleistung	W
Q	Blindleistung	var
S	Scheinleistung	VA
U	Spannung	V
I	Stromstärke	A
$\cos \varphi$	Wirkleistungsfaktor	
$\sin \varphi$	Blindleistungsfaktor	

Scheinleistung

$$S = U \cdot I$$

$I = \frac{S}{U}$ $\quad U = \frac{S}{I}$

Leistungsdreieck

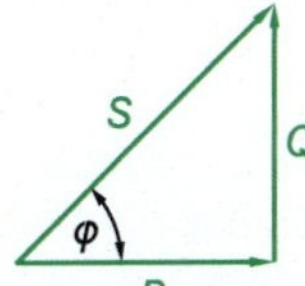

Wechselstromkreis mit ohmschem Widerstand

$$I = \frac{U}{R} \quad P = U \cdot I \quad \cos \varphi = 1$$

P	Wirkleistung	W	R	ohmscher Widerstand	Ω
U	Wechselspannung	V	$\cos \varphi$	Wirkleistungsfaktor	
I	Stromstärke	A			

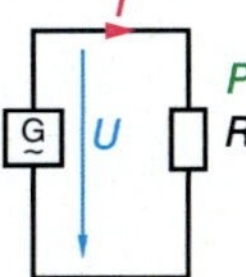

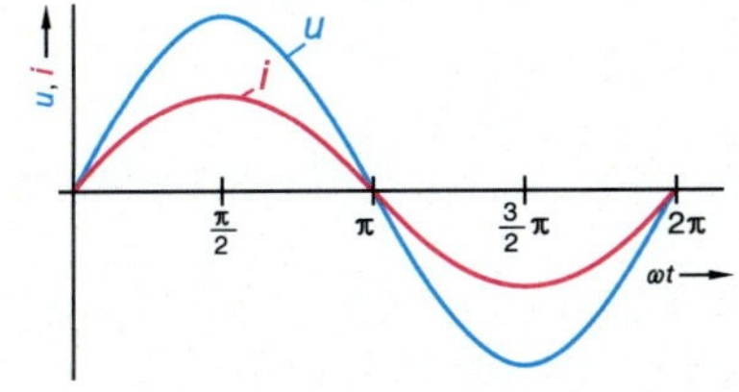

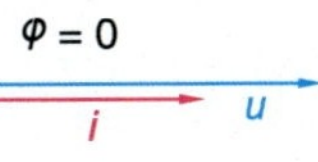

Wechselstromtechnik

Wechselstromkreis mit induktivem Blindwiderstand

$$I = \frac{U}{X_L} = \frac{U}{2\pi \cdot f \cdot L} = \frac{U}{\omega \cdot L}$$

$$Q_L = U \cdot I$$

Induktiver Blindwiderstand

$$X_L = \omega \cdot L = 2\pi \cdot f \cdot L$$

X_L	induktiver Blindwiderstand	Ω
ω	Kreisfrequenz	$\frac{1}{s}$
L	Induktivität	H
f	Frequenz	Hz
Q_L	induktive Blindleistung	var

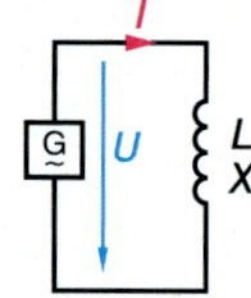

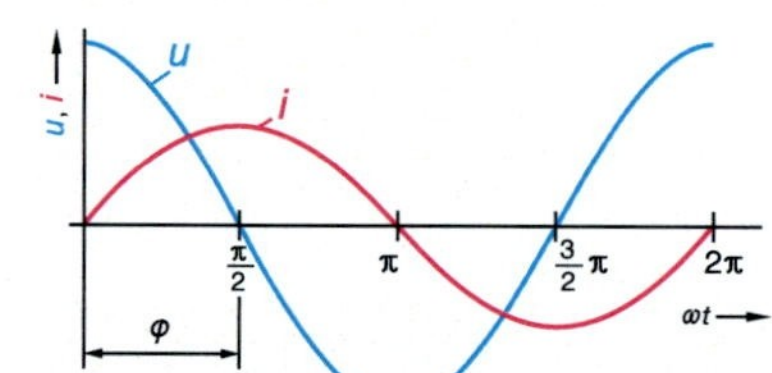

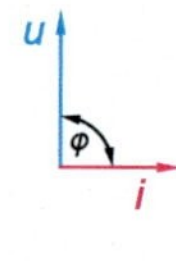

Wechselstromkreis mit kapazitivem Blindwiderstand

$$I = \frac{U}{X_C} = \frac{U}{\frac{1}{2\pi \cdot f \cdot C}} = U \cdot 2\pi \cdot f \cdot C = U \cdot \omega \cdot C$$

$$Q_C = U \cdot I$$

Kapazitiver Blindwiderstand

$$X_C = \frac{1}{2\pi \cdot f \cdot C} = \frac{1}{\omega \cdot C}$$

X_C	kapazitiver Blindwiderstand	Ω
ω	Kreisfrequenz	$\frac{1}{s}$
C	Kondensatorkapazität	F
f	Frequenz	Hz
Q_C	kapazitive Blindleistung	var

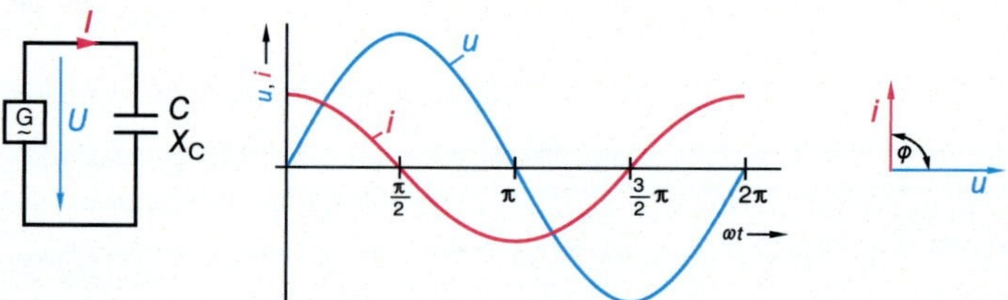

RL-Reihenschaltung

$$I = \frac{U}{Z}$$

$$U = \sqrt{U_R^2 + U_L^2} \qquad \cos\varphi = \frac{U_R}{U} \qquad \sin\varphi = \frac{U_L}{U}$$

$$U_R = \sqrt{U^2 - U_L^2} \qquad U_L = \sqrt{U^2 - U_R^2}$$

$$U_R = U \cdot \cos\varphi \qquad U_L = U \cdot \sin\varphi$$

I	Stromstärke	A
U	anliegende Spannung	V
Z	Scheinwiderstand	Ω
U_R	Spannung am ohmschen Widerstand	V
U_L	Spannung am induktiven Widerstand	V

Fortsetzung nächste Seite

Wechselstromtechnik

RL-Reihenschaltung

Fortsetzung

$$Z = \sqrt{R^2 + X_L^2} \qquad \cos\varphi = \frac{R}{Z} \qquad \sin\varphi = \frac{X_L}{Z}$$

$$R = \sqrt{Z^2 - X_L^2} \qquad X_L = \sqrt{Z^2 - R^2}$$

$$R = Z \cdot \cos\varphi \qquad X_L = Z \cdot \sin\varphi$$

$$S = \sqrt{P^2 + Q_L^2} \qquad \cos\varphi = \frac{P}{S} \qquad \sin\varphi = \frac{Q_L}{S}$$

$$P = \sqrt{S^2 - Q_L^2} \qquad Q_L = \sqrt{S^2 - P^2}$$

$$P = S \cdot \cos\varphi \qquad Q_L = S \cdot \sin\varphi$$

Z	Scheinwiderstand	Ω
R	ohmscher Widerstand	Ω
X_L	induktiver Widerstand	Ω
P	Wirkleistung	W
Q_L	induktive Blindleistung	var
S	Scheinleistung	VA
$\cos\varphi$	Wirkleistungsfaktor	
$\sin\varphi$	Blindleistungsfaktor	

$$X_L = \omega \cdot L = 2\pi \cdot f \cdot L$$

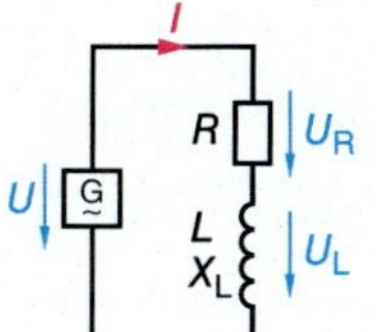

Spannungsdreieck: U, U_L, U_R, φ

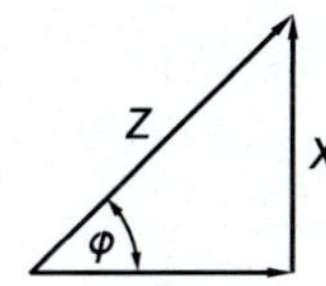

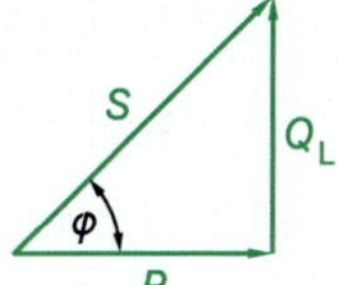

RC-Reihenschaltung

$$I = \frac{U}{Z}$$

$$U = \sqrt{U_R^2 + U_C^2} \qquad \cos\varphi = \frac{U_R}{U} \qquad \sin\varphi = \frac{U_C}{U}$$

$$U_R = \sqrt{U^2 - U_C^2} \qquad U_C = \sqrt{U^2 - U_R^2}$$

$$U_R = U \cdot \cos\varphi \qquad U_C = U \cdot \sin\varphi$$

$$Z = \sqrt{R^2 + X_C^2} \qquad \cos\varphi = \frac{R}{Z} \qquad \sin\varphi = \frac{X_C}{Z}$$

$$R = \sqrt{Z^2 - X_C^2} \qquad X_C = \sqrt{Z^2 - R^2}$$

$$R = Z \cdot \cos\varphi \qquad X_C = Z \cdot \sin\varphi$$

$$S = \sqrt{P^2 + Q_C^2} \qquad \cos\varphi = \frac{P}{S} \qquad \sin\varphi = \frac{Q_C}{S}$$

$$P = \sqrt{S^2 - Q_C^2} \qquad Q_C = \sqrt{S^2 - P^2}$$

$$P = S \cdot \cos\varphi \qquad Q_C = S \cdot \sin\varphi$$

I	Stromstärke	A
U	anliegende Spannung	V
Z	Scheinwiderstand	Ω
U_R	Spannung am ohmschen Widerstand	V
U_C	Spannung am kapazitiven Widerstand	V
R	ohmscher Widerstand	Ω
X_C	kapazitiver Widerstand	Ω
P	Wirkleistung	W
Q_C	kapazitive Blindleistung	var
S	Scheinleistung	VA
$\cos\varphi$	Wirkleistungsfaktor	
$\sin\varphi$	Blindleistungsfaktor	

$$X_C = \frac{1}{\omega \cdot C} = \frac{1}{2\pi \cdot f \cdot C}$$

Fortsetzung nächste Seite

Wechselstromtechnik

RC-Reihenschaltung

Fortsetzung

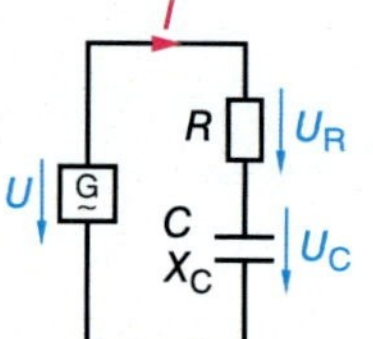

Spannungsdreieck

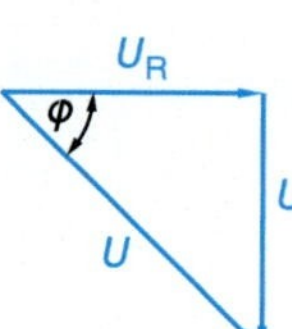

Widerstandsdreieck

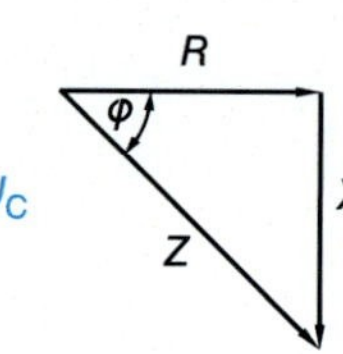

Leistungsdreieck

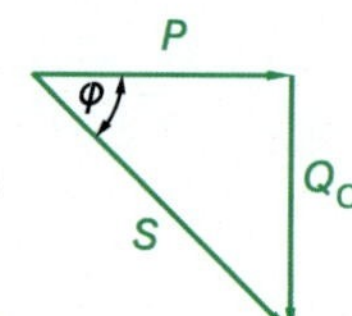

RL-Parallelschaltung

$G = \frac{1}{R}$ $B_L = \frac{1}{X_L}$ $Y = \frac{1}{Z}$

$I = U \cdot Y$

$I = \sqrt{I_R^2 + I_L^2}$ $\cos\varphi = \frac{I_R}{I}$ $\sin\varphi = \frac{I_L}{I}$

$I_R = \sqrt{I^2 - I_L^2}$ $I_L = \sqrt{I^2 - I_R^2}$

$I_R = I \cdot \cos\varphi$ $I_L = I \cdot \sin\varphi$

$Y = \sqrt{G^2 + B_L^2}$ $\cos\varphi = \frac{G}{Y}$ $\sin\varphi = \frac{B_L}{Y}$

$G = \sqrt{Y^2 - B_L^2}$ $B_L = \sqrt{Y^2 - G^2}$

$G = Y \cdot \cos\varphi$ $B_L = Y \cdot \sin\varphi$

$S = \sqrt{P^2 + Q_L^2}$ $\cos\varphi = \frac{P}{S}$ $\sin\varphi = \frac{Q_L}{S}$

$P = \sqrt{S^2 - Q_L^2}$ $Q_L = \sqrt{S^2 - P^2}$

$P = S \cdot \cos\varphi$ $Q_L = S \cdot \sin\varphi$

G	Wirkleitwert	S
B_L	induktiver Blindleitwert	S
Y	Scheinleitwert	S
I	Stromstärke, Gesamtstrom	A
U	anliegende Spannung	
I_R	Strom durch den ohmschen Widerstand	A
I_L	Strom durch den induktiven Widerstand	A
S	Scheinleistung	VA
P	Wirkleistung	W
Q_L	induktive Blindleistung	var
$\cos\varphi$	Wirkleistungsfaktor	
$\sin\varphi$	Blindleistungsfaktor	
X_L	induktiver Widerstand	Ω
Z	Scheinwiderstand	Ω
R	ohmscher Widerstand	Ω

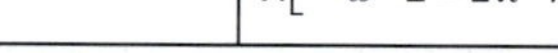

$X_L = \omega \cdot L = 2\pi \cdot f \cdot L$

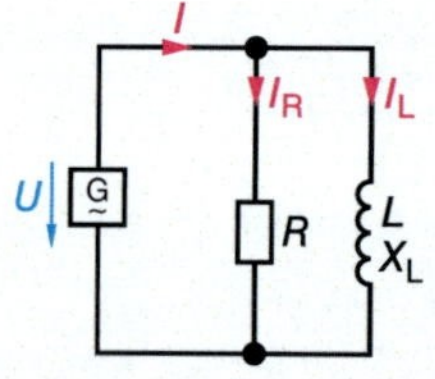

Stromdreieck

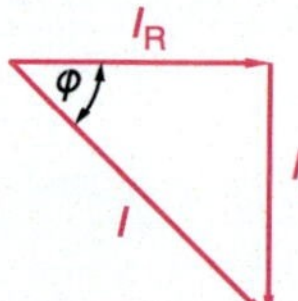

Leitwertdreieck

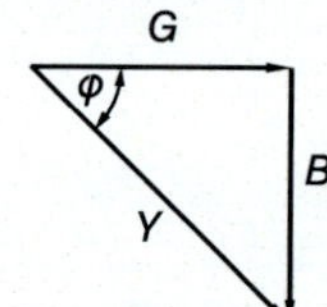

Leistungsdreieck

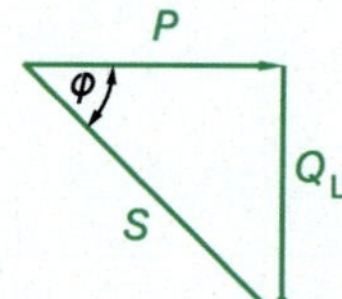

Wechselstromtechnik

RC-Parallelschaltung

$G = \frac{1}{R}$ $B_C = \frac{1}{X_C}$ $Y = \frac{1}{Z}$

$I = U \cdot Y$

$I = \sqrt{I_R^2 + I_C^2}$ $\cos\varphi = \frac{I_R}{I}$ $\sin\varphi = \frac{I_C}{I}$

$I_R = \sqrt{I^2 - I_C^2}$ $I_C = \sqrt{I^2 - I_R^2}$

$I_R = I \cdot \cos\varphi$ $I_C = I \cdot \sin\varphi$

$Y = \sqrt{G^2 + B_C^2}$ $\cos\varphi = \frac{G}{Y}$ $\sin\varphi = \frac{B_C}{Y}$

$G = \sqrt{Y^2 - B_C^2}$ $B_C = \sqrt{Y^2 - G^2}$

$G = Y \cdot \cos\varphi$ $B_C = Y \cdot \sin\varphi$

$S = \sqrt{P^2 + Q_C^2}$ $\cos\varphi = \frac{P}{S}$ $\sin\varphi = \frac{Q_C}{S}$

$P = \sqrt{S^2 - Q_C^2}$ $Q_C = \sqrt{S^2 - P^2}$

$P = S \cdot \cos\varphi$ $Q_C = S \cdot \sin\varphi$

G	Wirkleitwert	S
B_C	kapazitiver Blindleitwert	S
Y	Scheinleitwert	S
I	Stromstärke, Gesamtstrom	A
I_R	Strom durch den ohmschen Widerstand	A
I_C	Strom durch den kapazitiven Widerstand	A
S	Scheinleistung	VA
P	Wirkleistung	W
Q_C	kapazitive Blindleistung	var
$\cos\varphi$	Wirkleistungsfaktor	
$\sin\varphi$	Blindleistungsfaktor	
X_C	kapazitiver Widerstand	Ω
Z	Scheinwiderstand	Ω
R	ohmscher Widerstand	Ω

$X_C = \frac{1}{\omega \cdot C} = \frac{1}{2\pi \cdot f \cdot C}$

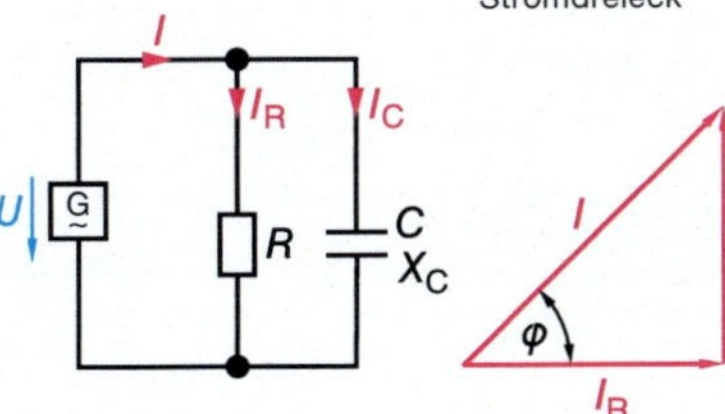

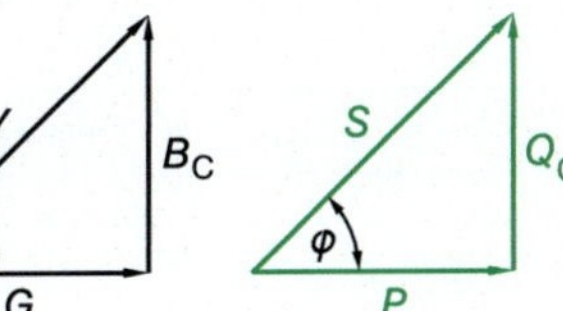

Resonanzfrequenz

$f_0 = \frac{1}{2\pi \cdot \sqrt{L \cdot C}}$

$L = \frac{1}{(2 \cdot \pi \cdot f_0)^2 \cdot C}$

$C = \frac{1}{(2 \cdot \pi \cdot f_0)^2 \cdot L}$

f_0	Resonanzfrequenz	Hz
L	Induktivität	H
C	Kapazität	F

Resonanz liegt vor, wenn $X_L = X_C$. Dies tritt bei der Resonanzfrequenz f_0 auf.

Drehstromtechnik (Dreiphasen-Wechselspannung)

Sternschaltung, symmetrische Belastung

$I = I_{Str}$

$U = \sqrt{3} \cdot U_{Str}$

$U_{Str} = \frac{U}{\sqrt{3}}$

I	Außenleiterstrom	A
I_{Str}	Strangstrom	A
U	Außenleiterspannung	V
U_{Str}	Strangspannung	V

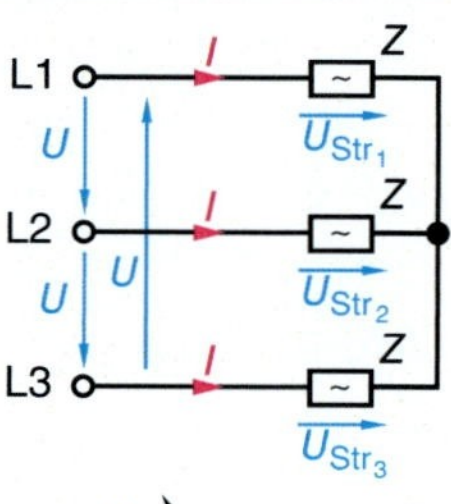

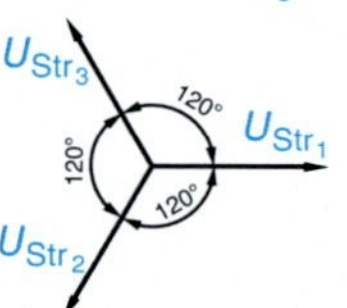

Dreieckschaltung, symmetrische Belastung

$U = U_{Str}$

$I = \sqrt{3} \cdot I_{Str}$

$I_{Str} = \frac{I}{\sqrt{3}}$

U	Außenleiterspannung	V
U_{Str}	Strangspannung	V
I	Außenleiterstrom	A
I_{Str}	Strangstrom	A

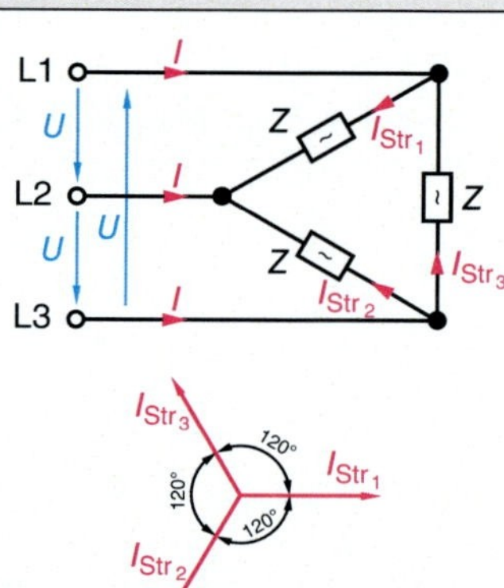

Leistung bei symmetrischer Stern- und Dreieckschaltung

$S = \sqrt{3} \cdot U \cdot I$

$P = \sqrt{3} \cdot U \cdot I \cdot \cos \varphi$

$Q = \sqrt{3} \cdot U \cdot I \cdot \sin \varphi$

U	Außenleiterspannung	V
I	Außenleiterstrom	A
S	Scheinleistung	VA
Q	Blindleistung	var
P	Wirkleistung	W

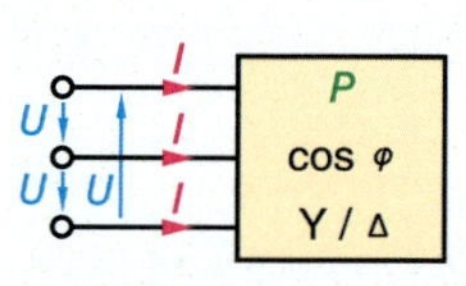

Umschaltung Stern-Dreieck

$P_{\Delta} = 3 \cdot P_{Y}$

$P_{Y} = \frac{P_{\Delta}}{3}$

P_{Δ}	Leistung bei Dreieckschaltung	W
P_{Y}	Leistung bei Sternschaltung	W

Spannung ändert sich um den Faktor $\sqrt{3}$. Stromstärke ändert sich dann auch um den Faktor $\sqrt{3}$.

Leistung ändert sich um den Faktor $\sqrt{3} \cdot \sqrt{3} = 3$.

Drehstromtechnik (Dreiphasen-Wechselspannung)

Sternschaltung, unsymmetrische Belastung mit N-Leiter

$U_{Str} = \frac{U}{\sqrt{3}}$

$I_1 = \frac{U_{Str}}{R_1}$ $I_2 = \frac{U_{Str}}{R_2}$ $I_3 = \frac{U_{Str}}{R_3}$

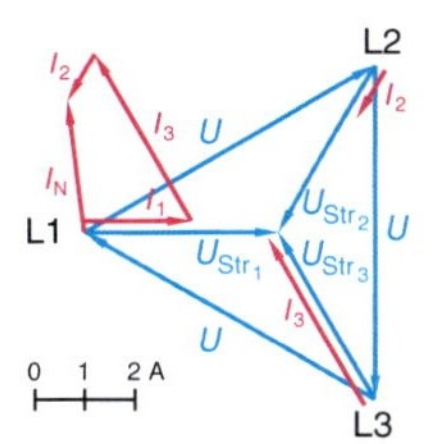

U_{Str}	Strangspannung	V
U	Außenleiterspannung	V
I_1, I_2, I_3	Außenleiterströme	A
R_1, R_2, R_3	Strangwiderstände	Ω

Strom I_N kann durch ein maßstäbliches Zeigerbild ermittelt werden.

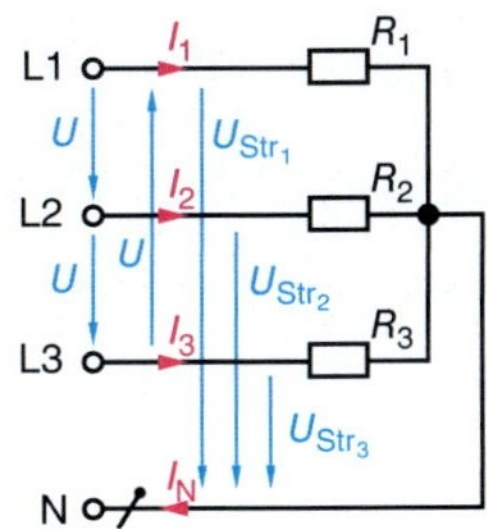

Sternschaltung, unsymmetrische Belastung ohne N-Leiter

Strangspannungen sind abhängig von den Strangwiderständen unterschiedlich groß. Der Sternpunkt wird verschoben.

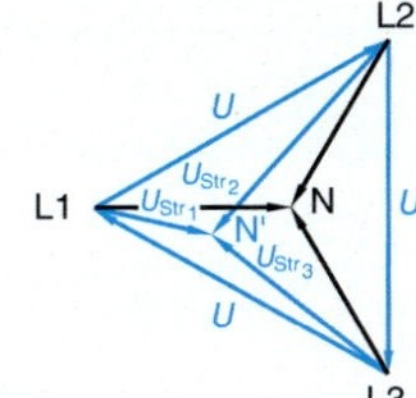

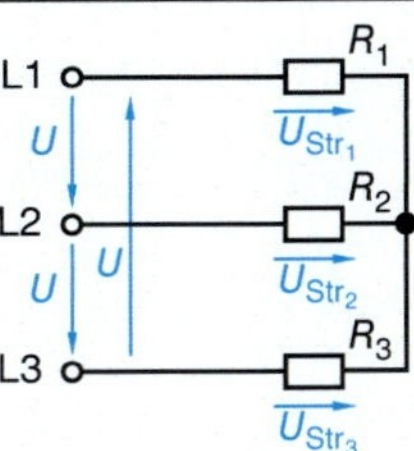

Sternschaltung, Ausfall eines Außenleiters

$I_2 = \frac{U_{Str}}{R_2}$ $I_3 = \frac{U_{Str}}{R_3}$

$I_2 = I_3 = \frac{U}{R_2 + R_3}$

$P' = \frac{2}{3} \cdot P$

P	Leistung bei Normalbetrieb	W
P'	Leistung bei Ausfall eines Außenleiters	W

Bei Ausfall von zwei Außenleitern reduziert sich die Leistung auf

$P'' = \frac{1}{3} \cdot P$

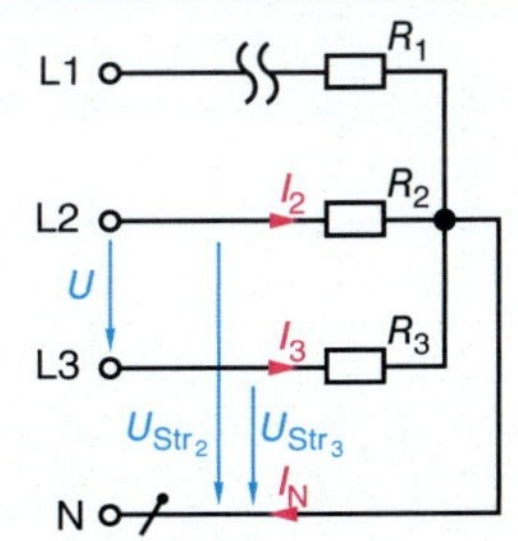

Dreieckschaltung, unsymmetrische Belastung

$I_{Str1} = \frac{U}{R_1}$ $I_{Str2} = \frac{U}{R_2}$ $I_{Str3} = \frac{U}{R_3}$

Die Außenleiterströme können aus den Strangströmen mithilfe eines maßstäblichen Zeigerbildes ermittelt werden.

I_{Str}	Strangstrom	A
U	Außenleiterspannung	V
R	Strangwiderstand	Ω

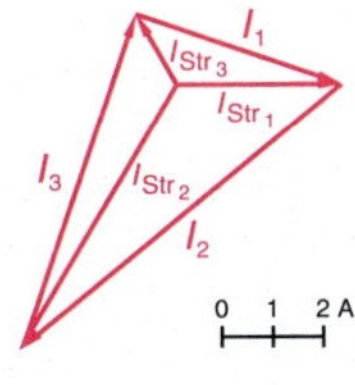

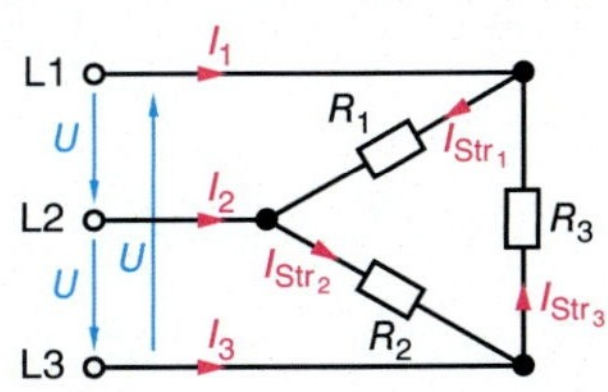

Drehstromtechnik (Dreiphasen-Wechselspannung)

Dreieckschaltung, Ausfall eines Außenleiters

$I_{Str2} = \frac{U}{R_2}$

$I_{Str1} = I_{Str3} = \frac{U}{R_1 + R_3}$

$P' = \frac{1}{2} \cdot P$

P	Leistung bei Normalbetrieb	W
P'	Leistung bei Ausfall eines Außenleiters	W

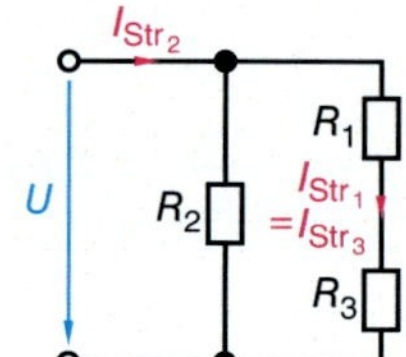

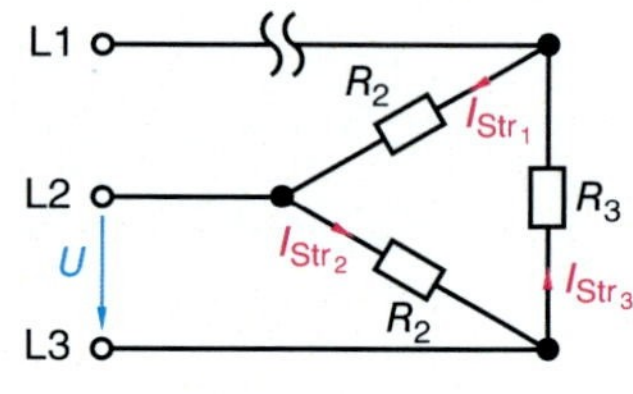

Leitungsberechnung

Gleichstromleitung

Spannungsfall

$$\Delta U = \frac{2 \cdot l \cdot I}{\gamma \cdot A}$$

$A = \frac{2 \cdot l \cdot I}{\gamma \cdot \Delta U}$ $\quad l = \frac{\Delta U \cdot \gamma \cdot A}{2 \cdot I}$

Prozentualer Spannungsfall

$$p_U = \frac{\Delta U}{U} \cdot 100\ \%$$

$U = \Delta U \cdot \frac{100\ \%}{p_U}$

$\Delta U = U \cdot \frac{p_U}{100\ \%}$

Leistungsverlust

$$P_V = \frac{2 \cdot I^2 \cdot l}{\gamma \cdot A}$$

$A = \frac{2 \cdot I^2 \cdot l}{\gamma \cdot P_V}$ $\quad l = \frac{P_V \cdot \gamma \cdot A}{2 \cdot I^2}$

Prozentualer Leistungsverlust

$$p_P = \frac{P_V}{P} \cdot 100\ \%$$

$P = P_V \cdot \frac{100\ \%}{p_P}$

$P_V = P \cdot \frac{p_P}{100\ \%}$

ΔU	Spannungsfall	V
p_U	prozentualer Spannungsfall	%
P_V	Leistungsverlust	W
p_P	prozentualer Leistungsverlust	%
l	Leitungslänge	m
I	Stromstärke in der Leitung	A
A	Leiterquerschnitt	mm^2
γ	spezifische Leitfähigkeit	$\frac{m}{\Omega \cdot mm^2}$
U	Spannung am Leitungsanfang	V
P	Leistung des Verbrauchsmittels	W

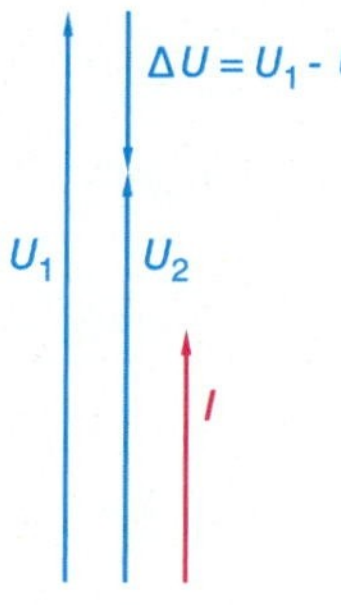

$\Delta U = I \cdot R_L$

$R_L = \frac{\varrho \cdot l}{A} = \frac{l}{\gamma \cdot A}$

$\varrho = \frac{1}{\gamma}$

Es ist die doppelte Leitungslänge $2l$ zu berücksichtigen.

In die Formeln ist also die *einfache Leitungslänge* einzusetzen.

Leitungsberechnung

Einphasen-Wechselstromleitungen

Spannungsfall

$$\Delta U = \frac{2 \cdot l \cdot I \cdot \cos\varphi}{\gamma \cdot A}$$

$$A = \frac{2 \cdot l \cdot I \cdot \cos\varphi}{\gamma \cdot \Delta U}$$

$$l = \frac{\Delta U \cdot \gamma \cdot A}{2 \cdot I \cdot \cos\varphi}$$

Prozentualer Spannungsfall

$$p_U = \frac{\Delta U}{U} \cdot 100\ \%$$

$$U = \Delta U \cdot \frac{100\ \%}{p_U}$$

$$\Delta U = U \cdot \frac{p_U}{100\ \%}$$

Leistungsverlust

$$P_V = \frac{2 \cdot I^2 \cdot l}{\gamma \cdot A}$$

$$A = \frac{2 \cdot I^2 \cdot l}{\gamma \cdot P_V} \qquad l = \frac{\gamma \cdot P_V \cdot A}{2 \cdot I^2}$$

Prozentualer Leistungsverlust

$$p_P = \frac{P_V}{P} \cdot 100\ \%$$

$$P = P_V \cdot \frac{100\ \%}{p_P}$$

$$P_V = P \cdot \frac{p_P}{100\ \%}$$

ΔU	Spannungsfall	V
p_U	prozentualer Spannungsfall	%
P_V	Leistungsverlust	W
p_P	prozentualer Leistungsverlust	%
l	Leitungslänge	m
I	Stromstärke in der Leitung	A
$\cos\varphi$	Leistungsfaktor	
A	Leiterquerschnitt	mm^2
γ	spezifische Leitfähigkeit	$\frac{m}{\Omega \cdot mm^2}$
U	Spannung am Leitungsanfang	V
P	Leistung des Verbrauchsmittels	W

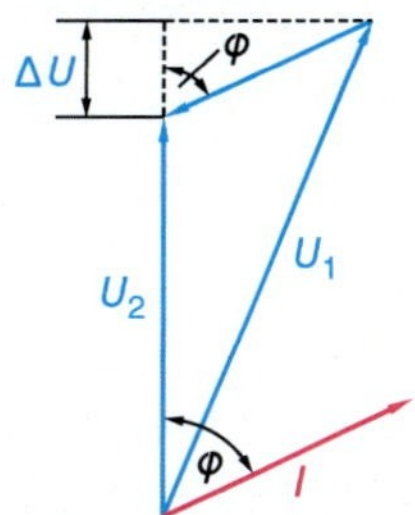

$$\Delta U = I \cdot R_L$$

$$R_L = \frac{\varrho \cdot l}{A} = \frac{l}{\gamma \cdot A}$$

$$\varrho = \frac{1}{\gamma}$$

Es ist die doppelte Leitungslänge $2l$ zu berücksichtigen.

In die Formeln ist also die *einfache Leitungslänge* einzusetzen.

Dreiphasen-Wechselstromleitung

Spannungsfall

$$\Delta U = \frac{\sqrt{3} \cdot l \cdot I \cdot \cos\varphi}{\gamma \cdot A}$$

$$A = \frac{\sqrt{3} \cdot l \cdot I \cdot \cos\varphi}{\gamma \cdot \Delta U}$$

$$l = \frac{\Delta U \cdot \gamma \cdot A}{\sqrt{3} \cdot I \cdot \cos\varphi}$$

ΔU	Spannungsfall	V
l	Leitungslänge	m
I	Stromstärke in der Leitung	A
$\cos\varphi$	Leistungsfaktor	
A	Leiterquerschnitt	mm^2
γ	spezifische Leitfähigkeit	$\frac{m}{\Omega \cdot mm^2}$

$$\Delta U = I \cdot R_L$$

$$R_L = \frac{\varrho \cdot l}{A} = \frac{l}{\gamma \cdot A}$$

$$\varrho = \frac{1}{\gamma}$$

Es ist die *einfache Leitungslänge* einzusetzen.

Fortsetzung nächste Seite

Leistungsabrechnung

Dreiphasen-Wechselstromleitung

Fortsetzung

Prozentualer Spannungsfall

$$p_U = \frac{\Delta U}{U} \cdot 100\ \%$$

$$U = \Delta U \cdot \frac{100\ \%}{p_U}$$

$$\Delta U = U \cdot \frac{p_U}{100\ \%}$$

Leistungsverlust

$$P_V = \frac{3 \cdot I^2 \cdot l}{\gamma \cdot A}$$

$$A = \frac{3 \cdot I^2 \cdot l}{\gamma \cdot P_V} \qquad l = \frac{\gamma \cdot P_V \cdot A}{3 \cdot I^2}$$

Prozentualer Leistungsverlust

$$p_P = \frac{P_V}{P} \cdot 100\ \%$$

$$P = P_V \cdot \frac{100\ \%}{p_P} \qquad P_V = P \cdot \frac{p_P}{100\ \%}$$

Formelzeichen	Bedeutung	Einheit
ΔU	Spannungsfall	V
p_U	prozentualer Spannungsfall	%
P_V	Leistungsverlust	W
p_P	prozentualer Leistungsverlust	%
l	Leitungslänge	m
I	Stromstärke in der Leitung	A
$\cos \varphi$	Leistungsfaktor	
A	Leiterquerschnitt	mm²
γ	spezifische Leitfähigkeit	$\frac{m}{\Omega \cdot mm^2}$
U	Spannung am Leitungsanfang	V
P	Leistung des Verbrauchsmittels	W

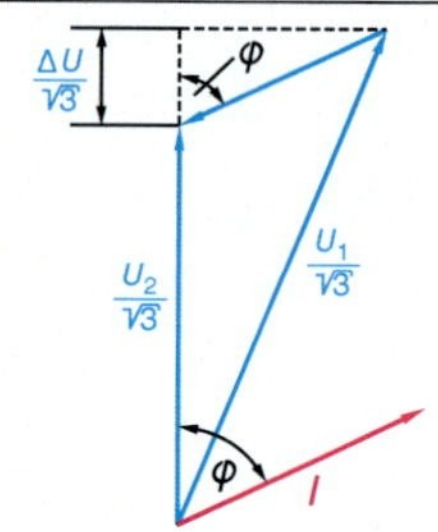

$$\Delta U = I \cdot R_L$$

$$R_L = \frac{\varrho \cdot l}{A} = \frac{l}{\gamma \cdot A}$$

$$\varrho = \frac{1}{\gamma}$$

Es ist die *einfache Leitungslänge* einzusetzen.

Blindleistungskompensation

Kapazitive Blindleistung

$$Q_C = P \cdot (\tan \varphi_1 - \tan \varphi_2)$$

$$P = \frac{Q_C}{\tan \varphi_1 - \tan \varphi_2}$$

$$\tan \varphi_1 = \frac{Q_C}{P} + \tan \varphi_2$$

$$\tan \varphi_2 = \tan \varphi_1 - \frac{Q_C}{P}$$

Formelzeichen	Bedeutung	Einheit
Q_C	kapazitive Blindleistung	var
P	Wirkleistung	W
φ_1	Winkel vor der Kompensation	Grad
φ_2	Winkel nach der Kompensation	Grad

Q_C ist die aufzuwendende kapazitive Blindleistung, um den Phasenwinkel von φ_1 auf φ_2 zu verbessern.

Kompensationskondensator

$$C_\Delta = \frac{P \cdot (\tan \varphi_1 - \tan \varphi_2)}{3 \cdot \omega \cdot U^2}$$

$$C_Y = \frac{P \cdot (\tan \varphi_1 - \tan \varphi_2)}{\omega \cdot U^2}$$

Es sind *drei* Kondensatoren mit der Kapazität C_Δ notwendig.

Wenn die Kondensatoren in Stern geschaltet werden (C_Y), ist die dreifache Kapazität wie bei Dreieckschaltung notwendig.

Formelzeichen	Bedeutung	Einheit
C_Δ	Kompensationskondensator, Dreieckschaltung	F
P	elektrische Leistung	W
φ_1	Winkel vor der Kompensation	Grad
φ_2	Winkel nach der Kompensation	Grad
ω	Kreisfrequenz	$\frac{1}{s}$
U	Außenleiterspannung	V
C_Y	Kompensationskondensator, Sternschaltung	F

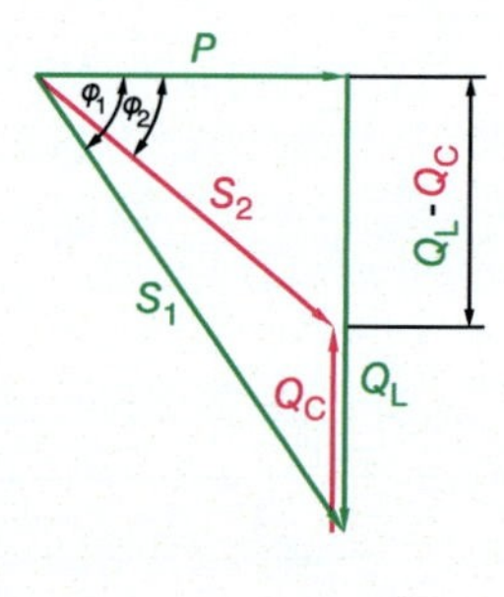

Elektrische Maschinen und Antriebe

Mittlere quadratische Leistung

$P_{mitt} = \sqrt{\frac{P_1^2 \cdot t_1 + P_2^2 \cdot t_2}{t_1 + t_2}}$

Formelzeichen	Bedeutung	Einheit
P_{mitt}	mittlere quadratische Leistung	W
P_1, P_2	Leistungen	W
$t_1 + t_2$	Belastungsdauer	s
t_{st}	Stillstandsdauer	s
$t + t_{st}$	Spieldauer	s

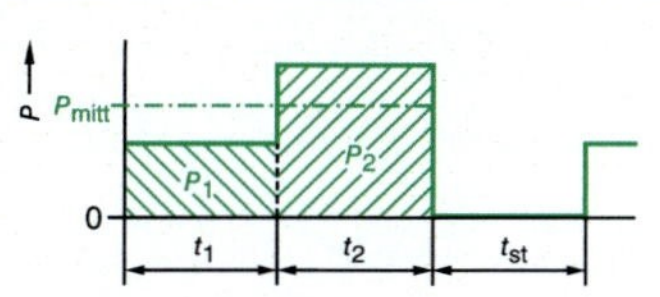

Relative Einschaltdauer

$t_r = \frac{\text{Belastungsdauer}}{\text{Spieldauer}}$

Drehfelddrehzahl

$n = \frac{f \cdot 60}{p}$

$p = \frac{f \cdot 60}{n}$ $\quad f = \frac{n \cdot p}{60}$

Formelzeichen	Bedeutung	Einheit
n	Drehfelddrehzahl	$\frac{1}{\text{min}}$
f	Frequenz	Hz
p	Polpaarzahl	

Magnetische Pole treten stets *paarweise* auf *(Polpaarzahl).*

Schlupfdrehzahl, Schlupf

$n_s = n_1 - n_2$

$s = \frac{n_1 - n_2}{n_1} \cdot 100\ \%$

$s = \frac{n_s}{n_1} \cdot 100\ \%$

Formelzeichen	Bedeutung	Einheit
n_s	Schlupfdrehzahl	$\frac{1}{\text{min}}$
n_1	Drehfelddrehzahl	$\frac{1}{\text{min}}$
n_2	Läuferdrehzahl	$\frac{1}{\text{min}}$
s	Schlupf	%

Läuferfrequenz

$f_2 = s \cdot f_1$

Formelzeichen	Bedeutung	Einheit
f_2	Läuferfrequenz	Hz
s	Schlupf	
f_1	Netzfrequenz	Hz

f_2: Frequenz der induzierten Läuferspannung

$s = 4\ \% \rightarrow s = 0{,}04$

Zugeführte elektrische Leistung

$P_{zu} = \sqrt{3} \cdot U \cdot I \cdot \cos\varphi$

$I = \frac{P_{zu}}{\sqrt{3} \cdot U \cdot \cos\varphi}$

$\cos\varphi = \frac{P_{zu}}{\sqrt{3} \cdot U \cdot I}$

Formelzeichen	Bedeutung	Einheit
P_{zu}	zugeführte elektrische Leistung	W
U	Netzspannung	V
I	Stromaufnahme	A
$\cos\varphi$	Leistungsfaktor	

Auf dem Leistungsschild des Motors ist die an der Welle abgegebene Leistung angegeben.

Wirkungsgrad

$\eta = \frac{P_{ab}}{P_{zu}}$

$P_{ab} = \eta \cdot P_{zu}$ $\quad P_{zu} = \frac{P_{ab}}{\eta}$

Formelzeichen	Bedeutung	Einheit
η	Wirkungsgrad	
P_{ab}	Wellenleistung	W
P_{zu}	zugeführte elektrische Leistung	W

Elektrische Maschinen und Antriebe

Drehmoment

Formeln	Zeichen	Bedeutung	Einheit	Hinweise
$M = \frac{P}{2\pi \cdot n}$	M	Drehmoment	Nm	1 Ws = 1 Nm
$P = 2\pi \cdot n \cdot M$	P	Wellenleistung	W	1 W = 1 $\frac{\text{Nm}}{\text{s}}$
$n = \frac{P}{2\pi \cdot M}$	n	Drehzahl	$\frac{1}{\text{s}}$	Vorsicht! Drehzahl in $\frac{1}{\text{s}}$ und Leistung in W einsehen.

Übertemperatur von Wicklungen

Formeln	Zeichen	Bedeutung	Einheit	Hinweise
$\frac{R_{\vartheta_1}}{R_{\vartheta_2}} = \frac{k + \vartheta_1}{k + \vartheta_2}$	R_{ϑ_1}	Widerstand im Kaltzustand bei Temperatur ϑ_1	Ω	Cu: $k = 235$ K
$\vartheta_2 = \frac{R_{\vartheta_2} \cdot (k + \vartheta_1)}{R_{\vartheta_1}} - k$	R_{ϑ_2}	Widerstand am Ende der Messung	Ω	Al: $k = 225$ K
	ϑ_1	Temperatur der kalten Wicklung (i. Allg. 20 °C)	°C	
	ϑ_2	Temperatur am Ende der Messung	°C	
	k	Materialkonstante	K	

Drehstrommotor, Stromstärke

Formeln	Zeichen	Bedeutung	Einheit
$I = \frac{P}{U \cdot \sqrt{3} \cdot \cos\varphi}$	I	Stromstärke	A
$P = \sqrt{3} \cdot U \cdot I \cdot \cos\varphi$	P	elektrische Leistung	W
	U	Netzspannung	V
	$\cos\varphi$	Leistungsfaktor	

Einphasenmotor, Stromstärke

Formeln	Zeichen	Bedeutung	Einheit
$I = \frac{P}{U \cdot \cos\varphi}$	I	Stromstärke	A
$P = U \cdot I \cdot \cos\varphi$	P	elektrische Leistung	W
	U	Netzspannung	V
	$\cos\varphi$	Leistungsfaktor	

Gleichstrommotor, Ankerspannung

Formeln	Zeichen	Bedeutung	Einheit
$U_A = U_i + (R_A + R_V) \cdot I_A$	U_A	Ankerspannung	V
$I_A = \frac{U_A - U_i}{R_A + R_V}$	U_i	induzierte Spannung	V
$U_i = U_A - (R_A + R_V) \cdot I_A$	R_A	Ankerwiderstand	Ω
$R_A = \frac{U_A - U_i}{I_A} - R_V$	R_V	Vorwiderstand	Ω
$R_V = \frac{U_A - U_i}{I_A} - R_A$	I_A	Ankerstrom	A

Elektrische Maschinen und Antriebe

Gleichstrommotor, Ankerstrom

$$I_A = \frac{P_A}{\eta \cdot U_A}$$

$P_A = \eta \cdot I_A \cdot U_A$ $\qquad U_A = \frac{P_A}{\eta \cdot I_A}$

I_A	Ankerstrom	A
P_A	mechanische Ankerleistung	W
η	Wirkungsgrad	
U_A	Ankerspannung	V

Gleichstrommotor, induzierte Ankerspannung

$$U_i \approx \frac{P_A}{I_A}$$

$P_A \approx U_i \cdot I_A$ $\qquad I_A \approx \frac{P_A}{U_i}$

U_i	induzierte Spannung	V
I_A	Ankerstrom	A
P_A	mechanische Ankerleistung	W

Gleichstrommotor, Erregerstrom

$$I_E = \frac{U_E}{R_E}$$

$U_E = I_E \cdot R_E$ $\qquad R_E = \frac{U_E}{I_E}$

I_E	Erregerstrom	A
U_E	Erregerspannung	V
R_E	Widerstand der Erregerwicklung	Ω

Transformatoren

Übersetzungsverhältnis

$$ü = \frac{U_1}{U_2} = \frac{N_1}{N_2} = \frac{I_2}{I_1}$$

$U_1 = U_2 \cdot \frac{N_1}{N_2}$ $\qquad U_2 = U_1 \cdot \frac{N_2}{N_1}$

$N_1 = N_2 \cdot \frac{U_1}{U_2}$ $\qquad N_2 = N_1 \cdot \frac{U_1}{U_2}$

$I_2 = I_1 \cdot \frac{U_1}{U_2}$ $\qquad I_1 = I_2 \cdot \frac{U_2}{U_1}$

$U_1 = U_2 \cdot \frac{I_2}{I_1}$ $\qquad U_2 = U_1 \cdot \frac{I_1}{I_2}$

$ü$	Übersetzungsverhältnis	
U_1	Eingangsspannung	V
U_2	Ausgangsspannung	V
N_1	Windungszahl der Eingangswicklung	
N_2	Windungszahl der Ausgangswicklung	
I_1	Eingangsstrom	A
I_2	Ausgangsstrom	A

Eingangswicklung: Primärwicklung

Ausgangswicklung: Sekundärwicklung

Kurzschlussspannung

$$u_K = \frac{U_K}{U_N} \cdot 100\ \%$$

$U_K = U_N \cdot \frac{u_K}{100\ \%}$

$U_N = U_K \cdot \frac{100\ \%}{u_K}$

u_K	relative Kurzschlussspannung	%
U_K	Kurzschlussspannung	V
U_N	Bemessungsspannung	V

Die Kurzschlussspannung ist ein Maß für den Innenwiderstand des Transformators.

Transformatoren

Kurzschlussstrom

$I_{Kd} = \frac{I_N}{u_K} \cdot 100\ \%$

Formelzeichen	Bedeutung	Einheit
I_{Kd}	Dauerkurzschlussstrom	A
I_N	Bemessungsstrom	A
u_K	relative Kurzschlussspannung	%

Bemessungsleistung

Einphasentransformator

$$S_N = U_N \cdot I_N$$

$I_N = \frac{S_N}{U_N}$ $U_N = \frac{S_N}{I_N}$

Drehstromtransformator

$$S_N = \sqrt{3} \cdot U_N \cdot I_N$$

$I_N = \frac{S_N}{\sqrt{3} \cdot U_N}$ $U_N = \frac{S_N}{\sqrt{3} \cdot I_N}$

Formelzeichen	Bedeutung	Einheit
S_N	Bemessungsleistung	VA
U_N	Bemessungsspannung	V
I_N	Bemessungsstrom	A

Bei Transformatoren wird die *Scheinleistung* auf dem Leistungsschild angegeben.

Verluste und Wirkungsgrad

$$P_V = P_{V_{Fe}} + P_{V_{Cu}}$$

$$\eta = \frac{P_{ab}}{P_{ab} + P_V}$$

Formelzeichen	Bedeutung	Einheit
P_V	Verlustleistung	W
$P_{V_{Fe}}$	Eisenverluste	W
$P_{V_{Cu}}$	Kupferverluste	W
P_{ab}	abgegebene Wirkleistung	W
η	Wirkungsgrad	

Eisenverluste:

Wirbelstromverluste und Ummagnetisierungsverluste.

Spartransformator

- $U_2 < U_1$

  $S_B = S_D \cdot \left(1 - \frac{U_2}{U_1}\right)$

- $U_2 > U_1$

  $S_B = S_D \cdot \left(1 - \frac{U_1}{U_2}\right)$

$S_D = U_2 \cdot I_2$

Formelzeichen	Bedeutung	Einheit
S_B	Bauleistung	VA
S_D	Durchgangsleistung	VA
U_1	Eingangsspannung	V
U_2	Ausgangsspannung	V
I_2	Ausgangsstrom	A

Es gelten auch die Gesetzmäßigkeiten des galvanisch getrennten Transformators.

$ü = \frac{N_1}{N_2} = \frac{U_1}{U_2} = \frac{I_2}{I_1}$

Logische Verknüpfungen

UND

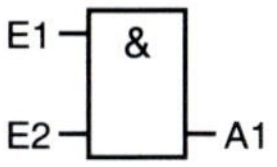

$A1 = E1 \wedge E2$

E1	E2	A1
0	0	0
0	1	0
1	0	0
1	1	1

NOR

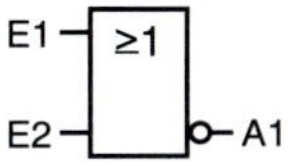

$A1 = \overline{E1 \vee E2}$

E1	E2	A1
0	0	1
0	1	0
1	0	0
1	1	0

ODER

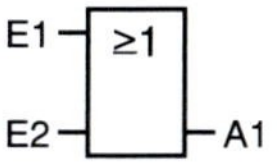

$A1 = E1 \vee E2$

E1	E2	A1
0	0	0
0	1	1
1	0	1
1	1	1

Antivalenz

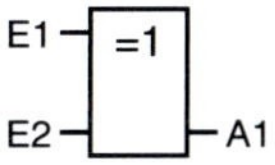

$A1 = (E1 \wedge \overline{E2}) \vee (\overline{E1} \wedge E2)$

E1	E2	A1
0	0	0
0	1	1
1	0	1
1	1	0

NICHT

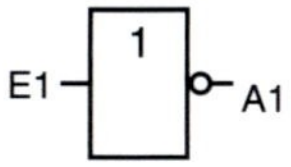

$A1 = \overline{E1}$

E1	A1
0	1
1	0

Äquivalenz

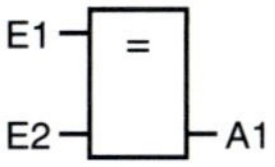

$A1 = (\overline{E1} \wedge \overline{E2}) \vee (E1 \wedge E2)$

E1	E2	A1
0	0	1
0	1	0
1	0	0
1	1	1

NAND

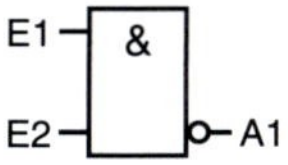

$A1 = \overline{E1 \wedge E2}$

E1	E2	A1
0	0	1
0	1	1
1	0	1
1	1	0

Mithilfe von NAND- bzw. NOR-Gliedern lassen sich sämtliche logische Grundverknüpfungen (UND, ODER, NICHT) realisieren.

Notizen

Elektronik

Glättung und Siebung

Brummspannung, Effektivwert

Formel	Formelzeichen	Bedeutung	Einheit	Hinweis
$U_{br} \approx \frac{U_{brss}}{2 \cdot \sqrt{3}}$	U_{br}	Brummspannung, Effektivwert	V	
	U_{brss}	Brummspannung, Spitze-Spitze	V	

Brummspannung, Spitze-Spitze

Formel	Formelzeichen	Bedeutung	Einheit	Hinweis
$U_{brss} \approx \frac{0{,}75 \cdot I}{f_{br} \cdot C}$	U_{brss}	Brummspannung, Spitze-Spitze	V	Die Pulsfrequenz wird durch die Netzfrequenz und die Gleichrichterschaltung bestimmt.
$I \approx \frac{U_{brss} \cdot f_{br} \cdot C}{0{,}75}$ $\quad C \approx \frac{0{,}75 \cdot I}{f_{br} \cdot U_{brss}}$	I	Belastungsstrom	V	
$f_{br} \approx \frac{0{,}75 \cdot I}{C \cdot U_{brss}}$	C	Kapazität des Glättungskondensators	F	
	f_{br}	Brummfrequenz, Pulsfrequenz	Hz	

Siebfaktor

Formel	Formelzeichen	Bedeutung	Einheit	Hinweis
$s = \frac{U_{br1}}{U_{br2}}$	s	Siebfaktor		
$U_{br1} = s \cdot U_{br2}$ $\quad U_{br2} = \frac{U_{br1}}{s}$	U_{br1}	Eingangsbrummspannung	V	
	U_{br2}	Ausgangsbrummspannung	V	

RC-Siebung

Formel	Formelzeichen	Bedeutung	Einheit	Hinweis
$s = R_S \cdot \omega_p \cdot C_S$	s	Siebfaktor		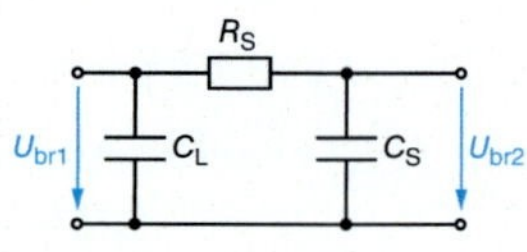
$R_S = \frac{s}{\omega_p \cdot R_S}$ $\quad C_S = \frac{s}{\omega_p \cdot R_S}$	R_S	Siebwiderstand	Ω	
$\omega_p = \frac{s}{R_S \cdot C_S}$	C_S	Siebkondensatorkapazität	F	
	ω_p	Pulskreisfrequenz	$\frac{1}{s}$	Gleichung gilt für $R_S \gg X_{C_S}$

LC-Siebung

Formel	Formelzeichen	Bedeutung	Einheit	Hinweis
$s = \omega_p^2 \cdot L_S \cdot C_S$	s	Siebfaktor		
$L_S = \frac{s}{\omega_p^2 \cdot C_S}$ $\quad C_S = \frac{s}{\omega_p^2 \cdot L_S}$	L_S	Induktivität der Siebdrossel	H	
$\omega_p = \sqrt{\frac{s}{L_S \cdot C_S}}$	C_S	Kapazität des Siebkondensators	F	Gleichung gilt für $X_{L_S} \gg X_{C_S}$
	ω_p	Pulsfrequenz	$\frac{1}{s}$	

Elektronik

Impuls

Pulsfrequenz

Formel	Zeichen	Bedeutung	Einheit
$f = \frac{1}{T}$	f	Pulsfrequenz	Hz
$T = \frac{1}{f}$	T	Periodendauer	s

Periodendauer

Formel	Zeichen	Bedeutung	Einheit
$T = t_i + t_p$	T	Periodendauer	s
$t_i = T - t_p$	t_i	Impulsdauer	s
$t_p = T - t_i$	t_p	Pausendauer	s

Tastverhältnis

Formel	Zeichen	Bedeutung	Einheit
$\nu = \frac{T}{t_i}$	ν	Tastverhältnis	
$T = \nu \cdot t_i$	T	Peridodendauer	s
$t_i = \frac{T}{\nu}$	t_i	Impulsdauer	s

Tastgrad

Formel	Zeichen	Bedeutung	Einheit
$g = \frac{1}{\nu}$	g	Tastgrad	
$\nu = \frac{1}{g}$	ν	Tastverhältnis	

Flankensteilheit

Formel	Zeichen	Bedeutung	Einheit
$s = \frac{\Delta I}{\Delta t}$	S	Flankensteilheit	$\frac{A}{s}$
	ΔI	Stromdifferenz	A
	Δt	Zeitdifferenz	s

Transistorverstärker

Emitterschaltung

$$I_B + I_C + I_E = 0$$

$$U_{CE} = U_{BE} + U_{CB}$$

$$B = \frac{I_C}{I_B}$$

$$P = U_{CE} \cdot I_C$$

Zeichen	Bedeutung	Einheit
I_B	Basisstrom	A
I_C	Kollektorstrom	A
I_E	Emitterstrom	A
U_{CE}	Kollektor-Emitter-Spannung	V
U_{BE}	Basis-Emitter-Spannung	V
U_{CE}	Kollektor-Basis-Spannung	V
B	Gleichstrom-Verstärkungsfaktor	
P	Gleichstromleistung	W

Elektronik

Transistorverstärker

Basisspannungsleiter, Querstromverhältnis

$$q = \frac{I_q}{I_B}$$

$I_q = q \cdot I_B$ $\qquad$ $I_B = \frac{I_q}{q}$

q	Querstromverhältnis	
I_q	Querstrom durch R_2	A
I_B	Basisstrom	A

Basisspannungsleiter, Widerstandswerte

$$R_2 = \frac{U_q}{I_q}$$

$I_q = \frac{U_q}{R_q}$ $\qquad$ $U_q = I_q \cdot R_q$

$$R_1 = \frac{U_b - U_q}{I_q + I_B}$$

$U_q = U_B - R_i \cdot (I_q + I_B)$

$I_q = \frac{U_b - U_q}{R_1} - I_B$

R_1, R_2	Widerstände des Basisspannungsleiters	Ω
U_q	Spannungsfall am Querwiderstand R_2	V
I_q	Querstrom durch R_2	A
U_b	Betriebsspannung	V
I_B	Basisstrom	A

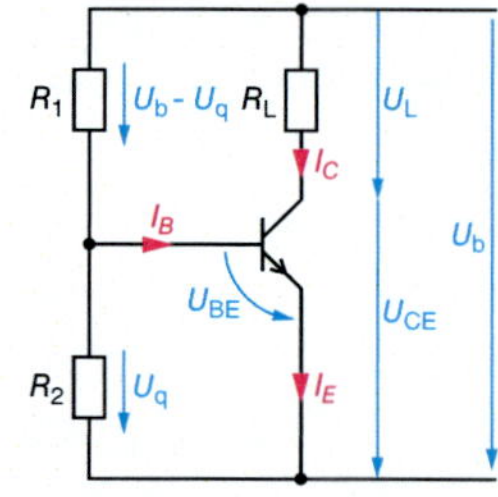

Ohne Emitterwiderstand

$U_q = U_{BE}$

Emitterwiderstand

$R_E = \frac{U_{RE}}{I_E}$

Bei $I_C \approx I_E$ gilt:

$R_E \approx \frac{U_{RE}}{I_C}$

R_E	Emitterwiderstand	Ω
U_{RE}	Spannungsfall am Emitterwiderstand	V
I_E	Emitterstrom	A
I_C	Kollektorstrom	A
I_B	Basisstrom	A

Operationsverstärker

Differenz-Eingangsspannung

$$U_D = U_{E1} - U_{E2}$$

U_D	Differenz-Eingangsspannung	V
U_{E1}, U_{E2}	Eingangsspannungen	V

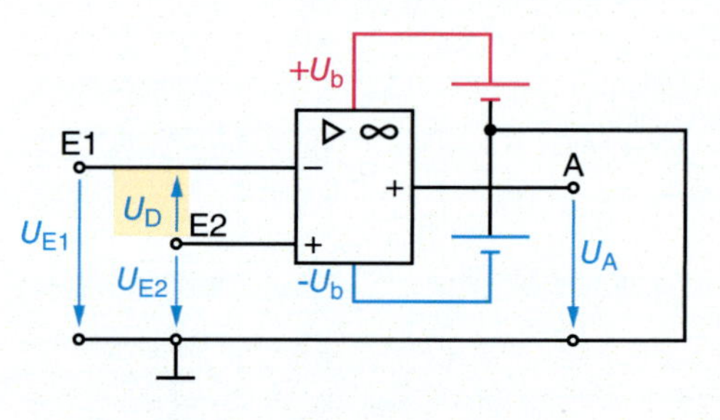

Elektronik

Operationsverstärker

Leerlauf-Ausgangsspannung

Formel	Formelzeichen	Bedeutung	Einheit	Hinweis
$U_A = V_0 - U_D$ $V_0 = \frac{U_A}{U_D}$ $U_D = \frac{U_A}{V_0}$	U_A	Ausgangsspannung	V	
	U_D	Differenz-Eingangsspannung	V	
	V_0	Leerlaufverstärkung		

Gleichtaktunterdrückung

Formel	Formelzeichen	Bedeutung	Einheit	Hinweis
$G = \frac{V_0}{V_{GL}}$	G	Gleichtakt-unterdrückung		Beim idealen OP ist G unendlich groß.
	V_0	Leerlaufverstärkung		
	V_{GL}	Gleichtakt-verstärkung		

Invertierender Verstärker, Spannungsverstärkung

Formel	Formelzeichen	Bedeutung	Einheit	Schaltung
$V_U = \frac{U_A}{U_E} = -\frac{R_2}{R_1}$ $R_1 = \frac{R_2}{V_U}$ $R_2 = V_U \cdot R_1$	V_U	Spannungs-verstärkung		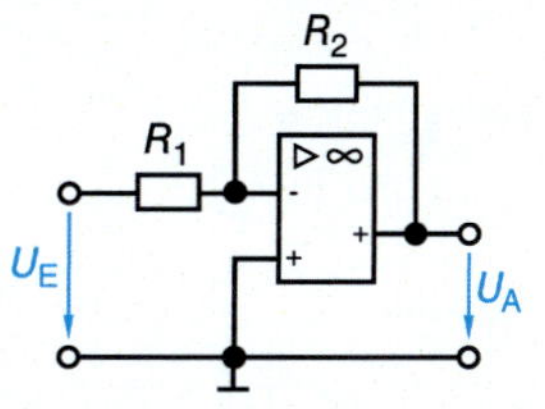
	U_A	Ausgangsspannung	V	
	U_E	Eingangsspannung	V	
	R_2, R_1	Beschaltungs-widerstände	Ω	

Nichtinvertierender Verstärker, Spannungsverstärkung

Formel	Formelzeichen	Bedeutung	Einheit	Schaltung
$V_U = 1 + \frac{R_2}{R_1}$ $R_1 = \frac{R_2}{V_U - 1}$ $R_2 = R_1 \cdot (V_U - 1)$	V_U	Spannungs-verstärkung		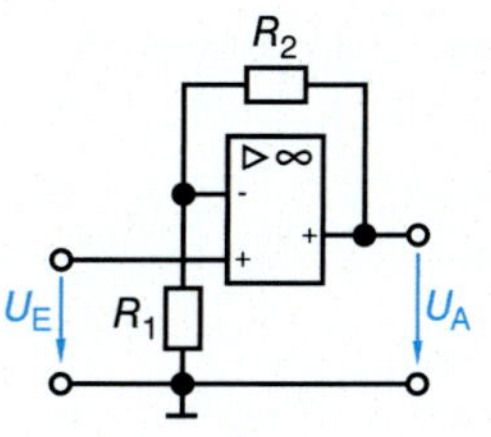
	R_1, R_2	Beschaltungs-widerstände	Ω	

Impedanzwandler

Formel	Formelzeichen	Bedeutung	Einheit	Schaltung
$V_U = \frac{U_A}{U_E} = 1$	V_U	Spannungs-verstärkung		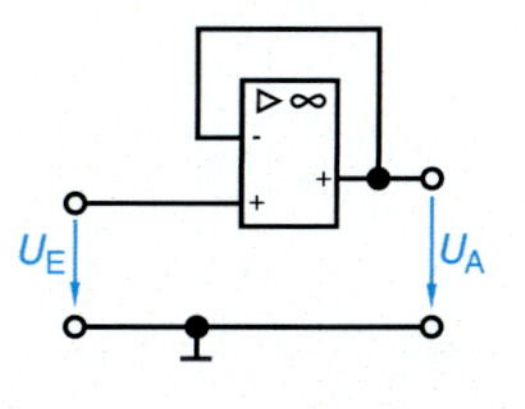
	U_A	Ausgangsspannung	V	
	U_E	Eingangsspannung	V	

Elektronik

Operationsverstärker

Differenzierer

Formel	Zeichen	Bedeutung	Einheit
$U_A = -U_E \cdot R_2 \cdot \omega \cdot C_1$	U_A	Ausgangs-spannung	V
$R_2 = \frac{U_A}{U_E \cdot \omega \cdot C_1}$	U_E	Eingangsspannung	V
$C_1 = \frac{U_A}{U_E \cdot \omega \cdot R_2}$	R_2	Beschaltungs-widerstand	Ω
	C_2	Kondensator-kapazität	F
	ω	Kreisfrequenz	$\frac{1}{s}$

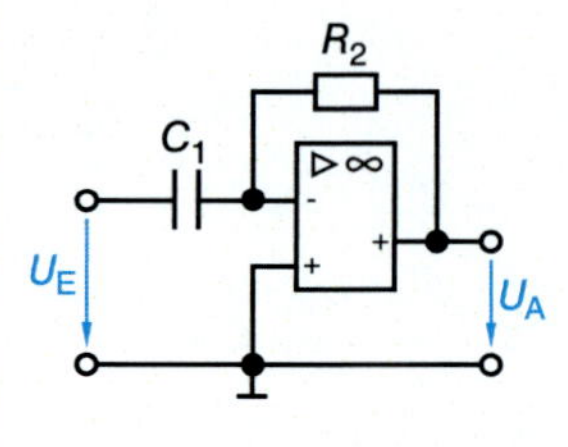

Integrierer

Formel	Zeichen	Bedeutung	Einheit
$U_A = -U_E \cdot \frac{1}{R_1 \cdot \omega \cdot C_2}$	U_A	Ausgangs-spannung	V
$R_1 = \frac{U_E}{U_A \cdot \omega \cdot C_2}$	U_E	Eingangsspannung	V
$C_2 = \frac{U_E}{U_A \cdot \omega \cdot R_1}$	R_1	Beschaltungs-widerstand	Ω
	C_2	Kondensator-kapazität	F
	ω	Kreisfrequenz	$\frac{1}{s}$

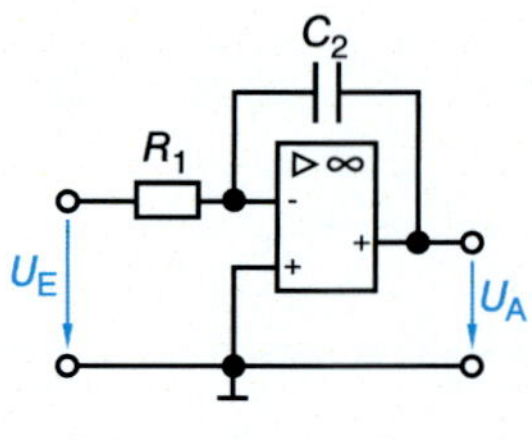

Notizen

Notizen

Sachwortverzeichnis

T

U

V

W

Z